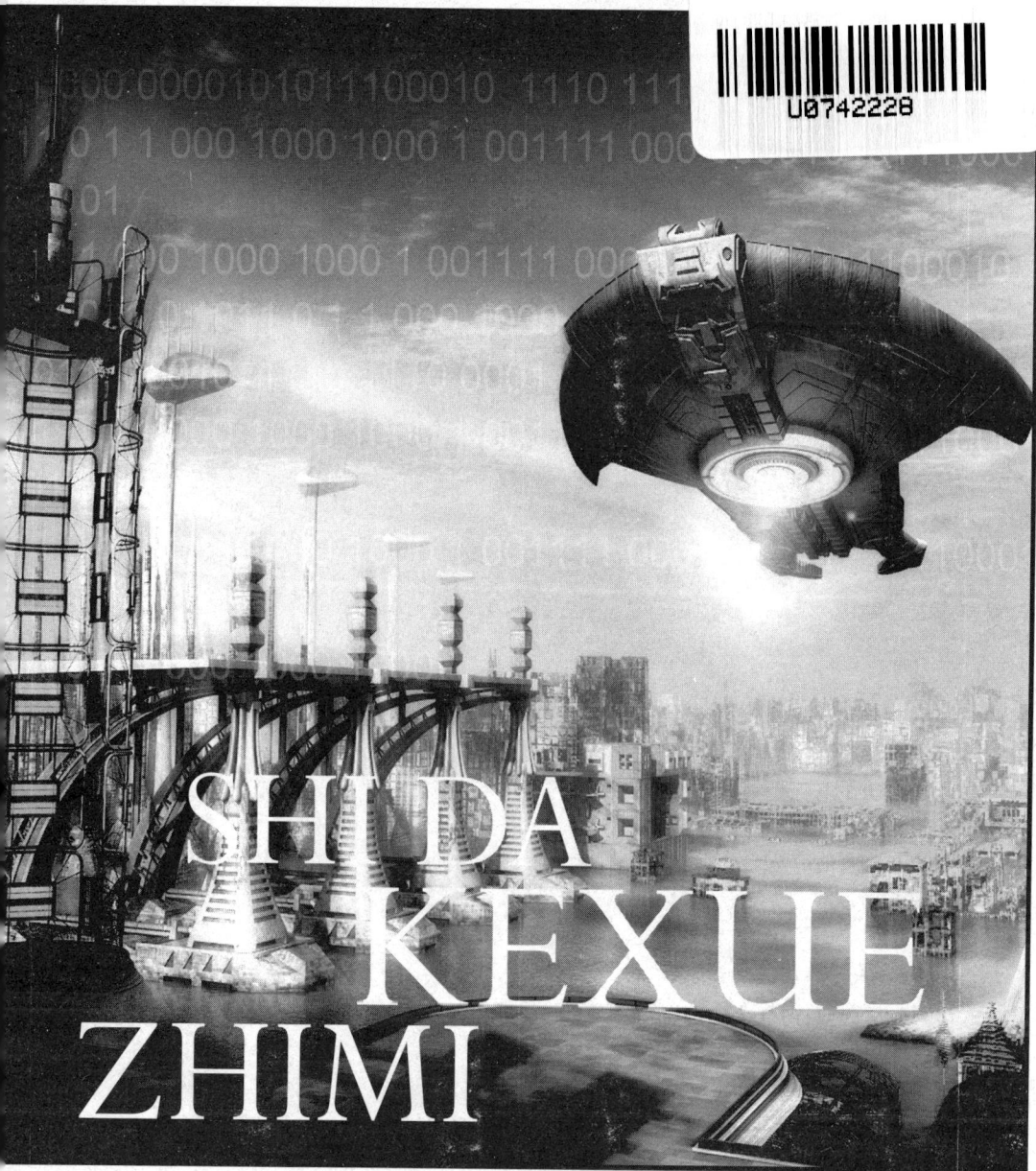

SHIDA

KEXUE

ZHIMI

十大科学之谜

刘路沙 **主编**

李达顺 孙宏安 **编著**

广西出版传媒集团｜广西科学技术出版社

图书在版编目（CIP）数据

十大科学之谜 / 刘路沙主编. —南宁：广西科学技术
出版社，2012.8（2020.6重印）
（十大科学丛书）
ISBN 978-7-80619-388-4

Ⅰ. ①十… Ⅱ. ①刘… Ⅲ. ①自然科学—青年读物
②自然科学—少年读物 Ⅳ. ① N49

中国版本图书馆 CIP 数据核字（2012）第 190733 号

十大科学丛书
十大科学之谜
刘路沙　主编

责任编辑	池庆松	**封面设计**	叁壹明道
责任校对	葛　玲	**责任印制**	韦文印

出 版 人	卢培钊
出版发行	广西科学技术出版社
	（南宁市东葛路66号　邮政编码530023）
印　　刷	永清县晔盛亚胶印有限公司
	（永清县工业区大良村西部　邮政编码065600）
开　　本	700mm×950mm　1/16
印　　张	11
字　　数	142千字
版次印次	2020 年 6 月第 1 版第 5 次
书　　号	ISBN 978-7-80619-388-4
定　　价	21.80 元

本书如有倒装缺页等问题，请与出版社联系调换。

青少年阅读文库

顾问

总主编

编委（按姓氏笔画排列）

《十大科学丛书》

代序　致二十一世纪的主人

钱三强

21世纪，对我们中华民族的前途命运，是个关键的历史时期。21世纪的少年儿童，肩负着特殊的历史使命。为此，我们现在的成年人都应多为他们着想，为把他们造就成21世纪的优秀人才多尽一份心，多出一份力。人才成长，除了主观因素外，在客观上也需要各种物质的和精神的条件，其中，能否源源不断地为他们提供优质图书，对于少年儿童，在某种意义上说，是一个关键性条件。经验告诉人们，一本好书往往可以造就一个人，而一本坏书则可以毁掉一个人。我几乎天天盼着出版界利用社会主义的出版阵地，为我们21世纪的主人多出好书。广西科学技术出版社在这方面做出了令人欣喜的贡献。他们特邀我国科普创作界的一批著名科普作家，编辑出版了大型系列化自然科学普及读物——《青少年阅读文库》（以下简称《文库》）。《文库》分"科学知识""科技发展史"和"科学文艺"三大类，约计100种。《文库》除反映基础学科的知识外，还深入浅出地全面介绍当今世界的科学技术成就，充分体现了20世纪90年代科技发展的水平。现在科普读物已有不少，而《文库》这批读物的特有魅力，主要表现在观点新、题材新、角度新和手法新，

1

内容丰富、覆盖面广、插图精美、形式活泼、语言流畅、通俗易懂，富于科学性、可读性、趣味性。因此，说《文库》是开启科技知识宝库的钥匙，缔造 21 世纪人才的摇篮，并不夸张。《文库》将成为中国少年朋友增长知识，发展智慧，促进成才的亲密朋友。

　　亲爱的少年朋友们，当你们走上工作岗位的时候，呈现在你们面前的将是一个繁花似锦的、具有高度文明的时代，也是科学技术高度发达的崭新时代。现代科学技术发展速度之快、规模之大、对人类社会的生产和生活产生影响之深，都是过去无法比拟的。我们的少年朋友，要想胜任驾驭时代航船，就必须从现在起努力学习科学，增长知识，扩大眼界，认识社会和自然发展的客观规律，为建设有中国特色的社会主义而艰苦奋斗。

　　我真诚地相信，在这方面，《文库》将会对你们提供十分有益的帮助，同时我衷心地希望，你们一定为当好 21 世纪的主人，知难而进，锲而不舍，从书本、从实践吸取现代科学知识的营养，使自己的视野更开阔，思想更活跃，思路更敏捷，更加聪明能干，将来成长为杰出的人才和科学巨匠，为中华民族的科学技术实现划时代的崛起，为中国迈人世界科技先进强国之林而奋斗。

　　亲爱的少年朋友，祝愿你们奔向未来的航程充满闪光的成功之标。

编者的话

  20世纪是人类大发展的世纪！虽然人类经历了曲折艰难仍至战争的折磨，但人类的发展显然是20世纪的主旋律。正是在这个世纪中，人类开始由自然界中的被动的栖息者、对立者发展成为与大自然协调发展的"主人翁"，并在自然界留下越来越深的印记。人类的足迹开始走出地球，实现了太空飞行和"月宫"考察；人类的声音也已飞向天外，向宇宙深处发出问候的讯号，还送去了自己的名片。20世纪以来，通讯、交通的飞速发展使人们之间的距离大大缩小，整个地球变成一个小村镇；20世纪，人们获取了新的能源，有了移山填海的动力；20世纪，人们进行了农业革命，使农产品的数量成倍增长；人们发明了抗菌药物，击退了曾让人谈而色变的细菌引起的疾病……总之，20世纪是人类社会化进程加速的世纪，是人类将外界的一切都变成有用物的世纪！

  如果要问，为什么人类在20世纪会取得如此激动人心的成就？那么答案必然是：因为20世纪的科学技术有了巨大的前所未有的发展！20世纪人类社会发展的史实再一次有力地证明了马克思关于"生产力也包括科学"和邓小平关于"科学技术是第一生产力"的伟大的科学论断。科学技术实在是一个经久不衰的话题。

  可以从不同的角度探讨科学技术这一话题。如果要问，人们为什么要进行科学研究？大概许多人都会回答：为了解决某种问题。因此可以说，问题是科学研究的起点，科学研究是从问题开始的。本书就想从问题这一角度探讨科学的话题。

问题是什么？科学研究中研究者在认识过程中常为自己设定目标，目标状态和目前状态显然是有差距的，这个差距就是问题。人们认识到并表述出这一差距就提出了问题，实现了目标就解决了问题。因此，问题实在是由未知通向已知的桥梁，人们的研究就是为了解决问题的。

进一步考察科学发展的历史，就会发现，科学问题是科学思想的焦点，科学家的任务就是运用已有的科学认识去提出并解决科学问题。各种科学成果无不是在解决问题中做出的。科学的发展，也表现为科学问题的不断发展，一些问题解决了，又产生一些新的问题，科学就在问题的不断提出不断解决中得到发展。所谓科学之谜，就是科学界业已提出但尚未解决的问题。本书选择了 10 个这样的问题，着重介绍问题的提出过程，人们探求解决问题的过程及现在已达到的认识程度。如果能使读者对它们有所了解，从而对科学研究的起点——提出问题和解决问题——有所认识，就是我们最大的收获了。

科学之谜有许许多多，选取哪些向读者介绍呢？我们的选择原则是：一、是科学上的重大问题，人们在解决这个问题方面已做出巨大努力，取得了重大成果；二、是"知名度"较高的问题，即使不是该领域工作的人也早就听说过；三、新近有重要进展的问题。按此原则，选出以下 10 个问题：

物质结构之谜　　　　恐龙灭绝之谜

宇宙起源之谜　　　　人工智能之谜

生命起源之谜　　　　高温超导之谜

人类起源之谜　　　　相互作用统一之谜

外星人之谜　　　　　人脑之谜

这些也可以说是 20 世纪未能得到解决的重大科学问题。我们衷心地希望 21 世纪它们将得到解决，更热切地期望我们的少年读者朋友能在 21 世纪解决这些问题的工作中占有一席之地，做出自己的贡献。

本书写作参考了国内的一些著作及报刊。书中插图也取自一些参考文献，谨向有关作者致以谢忱。

由于我们的学识有限，不当之处在所难免，敬请各位读者不吝赐教。

编　者

目　录

物质结构之谜

在自然界中，人们可以看到日月星辰、山丘江湖、游鱼走兽等千姿百态，无限多样的物质形态。那么，世界万物究竟是由什么构成的？它有最小的"基元"吗？如果有，那又是什么呢？这是亘古开始，人类的圣哲先驱就开始探求，而至今人们仍在不停地追索的一个古老而新奇的自然奥秘。

古代的物质结构说

早在周代（前1046—前256）我们的祖先就提出了"五行"说，即认为世界万物都是由金、木、水、火、土五种物质原料构成的。此后，在《周易》（该书的成书年代在公元前 672 年前后）中有"太极生两仪，两仪生四象，四象生八卦"的物质构成思想。太极即指世界的本源；两仪是天地；四象是指春、夏、秋、冬四季；八卦是指天、地、雷、风、水、火、山、泽，由它们再演化出宇宙万物。战国时期的老子说："道生一，一生二，二生三，三生万物。"一指的是阴阳之未分，宇宙混沌一体；二指的是阴和阳；三指的是阴、阳和冲气（即阴阳统一体）；三者产生万物。到了汉代，唯物主义哲学家王充（27—100

年）提出了"天地合气，万物自生"的元气说，认为天地万物都是由元气自然凝聚而生成的，他把元气看成为宇宙万物的本源。

古希腊最早的自然哲学家之一泰勒斯（约前624—前547）认为水是构成宇宙万物的本源，即万物起源于水并复归于水。阿那克西米尼（约前585—前526）认为空气是宇宙万物的本源，空气稀薄时变成火，浓厚时变成风，再浓厚时则变成云、水、土、石头等。稍后，赫拉克利特（约前530—前470）则主张火是宇宙万物的本源，他认为由于火的变化，变成了水和土，由此产生了宇宙万物。在这些思想的进一步发展基础上，古希腊哲学家德谟克利特（约前460—前370）提出了"原子说"，他认为宇宙万物都是由大量微小物质粒子构成的，这种粒子被称为原子，希腊文的意思为"不可分割"。原子之间没有性质上的差异，只有形状、大小上的不同；原子是永恒的，它不生不灭；原子的数目是无穷的；原子在虚空中永远运动着，它们相互结合就形成物体，原子的分离就是物体的消失。这种原子说，是古希腊自然哲学最有价值的成就，也是现代原子说的胚胎和萌芽。中国战国时代的墨翟也提出了类似原子论的思想。他说"端，体之无厚而最前者也"，"端，无间也"。即"端"是一种没有体积、内部没有空隙的点，所以也就无法分割。这就是中国古代的原子论思想。如果这种解释能够成立，那就说明，在古代的东方与西方，几乎同时出现了原子论思想，各民族理论思维的发展具有相同的规律。即使在没有学术交流的情况下，各民族的思想家和哲学家也会提出大致相同的看法。科学思想的发展途径大致相同。原子论思想几乎在同时期的东方与西方产生，就是有力的证明。

近代的物质结构说

虽然早在古代的中国和希腊，就提出了宇宙万物都是由极小的、不可再分的原子构成的原子论思想，但直到 19 世纪之前，人们对物质构成的认识一直没有新的进展和突破。到了 19 世纪初，英国化学家道尔顿（1766—1844）才创立了近代原子论学说，才使人们对物质构成的认识进入了一个新的历史阶段。

道尔顿出身穷苦的农民家庭，12 岁就开始当教师，并受雇干农活。他在当地一位颇有学问的教友会绅士伊莱休·鲁宾逊的热心指导下，刻苦自学数学、物理学等知识，并尝试气象观测，兴趣盎然。他的科学研究活动就是从气象观测开始的，进而研究空气的组成、混合气体的扩散和分压，总结出气体分压定律，推论出空气是由不同重量、不同种类的微粒混合构成的，确认了原子的客观存在。再由此出发，通过化学实验测定了原子的相对重量，从气象学、物理学转入化学领域；从定性研究发展到定量研究，并经严格的逻辑推导，逐步建立了自己的原子论观点。道尔顿在 1808 年出版的《化学哲学新体系》中，系统地发挥了他的原子论观点。其主要论点是：

其一，一切元素都是由不可分割的微粒组成的，这种微粒就是原子。在一切化学变化中，原子的属性不变；

其二，同一种元素的原子具有相同的性质和质量，不同元素的原子具有不同的性质和质量；

其三，元素是由相同的原子组成的，化合物是由一种元素的一定数目的原子和另一种元素的一定数目的原子结合而组成的复合原子（当时还没有分子的概念，分子概念是阿佛伽德罗于 1811 年提出来的）；

其四，原子既不可创造，也不能消灭。宇宙的原子数目是无限的，具体事物的原子数目则是有限的。

道尔顿的原子论与古代原子论的不同点是：古代原子论是建立在直接观察的基础上，带有明显的思辨和想象的性质，而道尔顿的原子论是建立在科学实验的基础上，间接证明了原子是客观存在的；古代原子论没有说明原子的本质属性是什么，而道尔顿的原子论明确指出了原子的质量（原子量）是最基本的特征。因此，道尔顿的原子概念已具有反映原子本质属性的内涵，原子量概念的提出是科学原子论诞生的主要标志。

道尔顿的原子论，使人们对物质微观结构的认识进入到原子这个重要的层次，成为物质结构理论的基础，并为近代化学和物理学的发展奠定了基础。它既是化学发展史上的一个极为重要的里程碑，又是科学史上的一个划时代的成就。因此，恩格斯高度评价了道尔顿的工作，指出："化学中的新时代是随着原子论开始的（所以，近代化学之父不是拉瓦锡，而是道尔顿）"。[①]

现代的物质结构说

近代原子论的辉煌成就，使许多科学家在相当长的时期内都把原子不可分、不可入、不可变的观点奉为金科玉律。当有人问英国物理学家克尔文：原子是如何构造而成的？克尔文很不高兴地回答说："你连'原子'就是'不可再分'都不懂！原子还有什么结构？"可是就在许多科学家把原子看成"宇宙之砖"的时候，1897年英国物理学家汤姆逊

① 恩格斯：《自然辩证法》，人民出版社，1984年版，第295页。

（1856—1940）却发现了电子。电子的发现向人们宣告：近代原子论虽然取得了丰硕成果，但"原子决不能被看作简单的东西或一般说来已知的最小的实物粒子。"[①]

1. 电子的发现

19世纪中期以后，随着欧洲各主要资本主义国家的电力工业和照明技术的发展，迫切需要新的电光源。为了寻找新的电光源和解决高压输电中发生的漏电问题，促使人们去研究真空放电现象，但是由于受到真空技术水平的限制，得不到高真空，使这种研究一直没有进展和突破。1855年德国的玻璃技工盖斯勒（1814—1879）发明了一种真空泵，制成了低压气体放电管，即盖斯勒管（霓虹灯就是由盖斯勒管发展而来的）。1859年，德国物理学家普吕克（1801—1869）利用盖斯勒管进行放电实验时，发现正对着阴极的玻璃管壁上产生出绿色的辉光。1869年，德国的希托夫（1824—1914）进而发现这种辉光也具有光的性质，如在阴极与玻璃管壁中放上一块云母，玻璃壁上就会出现云母片的阴影。1876年，德国物理学家戈德斯坦（1850—1931）指出，玻璃壁上的辉光是由阴极产生的某种射线引起的，他把这种射线命名为阴极射线。

这种阴极射线究竟是什么呢？这件事引起了物理学家们的极大兴趣，从而导致了英国著名物理学家汤姆逊（1856—1940）于1897年对阴极射线作了定性和定量的研究。他利用阴极射线既可被磁场偏转又能为电场所偏转的联合作用，不仅确定了阴极射线是一种带负电的粒子流，而且测定了阴极射线微粒的速度、电荷（e）、质量（m）和荷质比（e/m），证明了阴极射线粒子的电荷与氢离子的电荷大小相等，符号相

[①] 恩格斯：《自然辩证法》，人民出版社，1984年版，第161页。

反，质量约为氢离子的 1/2000。汤姆逊后来采纳了英国物理学家斯托内的提法，把这种粒子叫做电子。

电子的发现是 19 世纪末物理学的重要成就之一。电子的发现揭示了原子是可分的和可变的，从而打破了两千年以来原子是不变的和不可分的传统观念，导致人们去探索原子的内部结构，正是这种探索使人们创立了原子物理学，首先是原子模型学说的提出。

2. 汤姆逊的原子模型

原子既然是可分的和可变的粒子，那么它的结构是怎样的？汤姆逊发现电子以后，立即就想到原子中的电子带负电，而原子一般不带电，原子中必然还有带正电的另一部分。据此，1903 年他提出了类似"面包夹葡萄干"的原子模型。他设想原子是一个半径大约为 10^{-8} 厘米的小球体，正电荷均匀地分布于整个球体，带负电的电子则稀疏地嵌在球体中，原子对外呈中性。

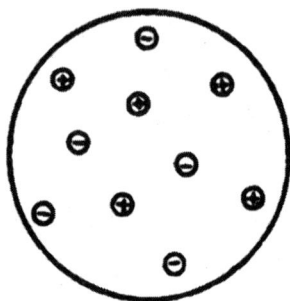

汤姆逊的原子模型

3. 卢瑟福的原子模型

卢瑟福（1871—1937）开始也相信汤姆逊的原子模型。可是，他在 1910 年指导其助手用 α 粒子作炮弹去轰金属铂片，四周用荧光屏来观察 α 粒子的运动时，却有了出乎预料的发现。卢瑟福原以为，这个实验不会出现什么意外的结果，因为根据汤姆逊的原子模型，原子中的微小电子和带正电的那部分物质，都不会阻挡比电子质量大 7 千多倍的 α 粒子的前进。可是实验却出现了意外的结果：大多数 α 粒子都顺利地穿过铂原子，然而却有少数 α 粒子发生了大角度散射，有的甚至完全被反弹了回来。卢瑟福认为，这个实验结果表明：在原子中有一个直径约为 10^{-12} 厘米的核，核的体积只有整个原子的一百万亿分之一，带正电的物质就集中在这个核中，它几乎含有原子的全部质量，所以叫做原子核。电子在原子核外的空间里绕原子核

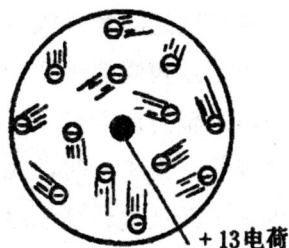

+ 13电荷

卢瑟福的原子模型

高速运动。这就是卢瑟福提出的原子的有核模型。由于这个模型比汤姆逊的模型更合理，所以很快得到公认，并被认为是揭开原子世界奥秘的最重要的一幕。

4. 玻尔的原子模型

卢瑟福的原子模型虽然令人满意地解释了 α 粒子的散射实验，但这种模型也存在着理论上难以解释的困难。首先，根据 19 世纪后期建立起来的麦克斯韦电磁理论，一个带电粒子作圆周运动时就要辐射电磁波，消耗能量，若不持续地供给它能量的话，它的运动半径就会越来越小，最后会因能量耗尽而落在原子核上，因此，原子将是很不稳定的，其寿命的数量级应为 10^{-8} 秒。可事实上原子却是非常稳定的。其次，电子因作圆周运动而辐射电磁波，原子的光谱不应是分离的线状光谱，而应当是连续光谱，可实际上原子的光谱却是分立的线状光谱。

1913 年，丹麦物理学家玻尔（1885—1962）根据普朗克（1858—1947）关于能量的辐射和吸收是不连续的量子假说，又提出了一种新的原子模型，即所谓太阳系模型。这种模型认为：其一，电子围绕原子核运动有不同层次的轨道，这些不同轨道对应于不同的能级，离核较近的轨道能级较低，离核较远的轨道能级较高，电子在特定的轨道上运动时不辐射能量；其二，电子可以从一个轨道跃迁到另一个轨道，只有向不

同轨道跃迁时才吸收或发出光子。即当电子从较高能级跃迁到较低能级轨道时才辐射出能量；反之，当电子吸收能量（光子）时，就可从较低能级的轨道跃迁到较高能级的轨道。玻尔的原子模型摆脱了卢瑟福模型所遇到的困难，出色地解释了原子的稳定性与原子光谱的分立性。

+6电荷

玻尔的原子模型

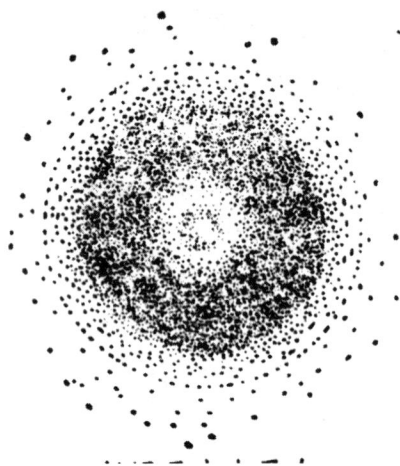

玻尔的原子模型虽然获得了成功，但十几年后由于人们又发现了电子具有波动性质，即电子既是粒子又是波。所以电子就不可能具有确定的轨道，原子也没有一定的形状，就像一团有核的电子云。右图所示，是在通常状况下氢原子中电子云示意图。图上小黑点密的区域表示电子出现的几率大，小黑点稀的区域表示电子出现的几率小。通常人们把电子绕原子核的运动看成像行星绕太阳的运动，但这只不过是一种极其粗略的形象说法而已。事实上这并不能反映其真正的运动图象。微观世界里粒子的

氢原子中电子云示意图

运动图象，人们是无法从宏观世界里找到一个理想的模型来比拟它的。要理解它，只能像物理学家那样，充分展开想象力的翅膀才行。

尽管我们上面介绍的原子模型，都是物理学家们充分发挥想象力而建立起来的，但原子的存在却是确凿无疑的。1955年人们利用场离子

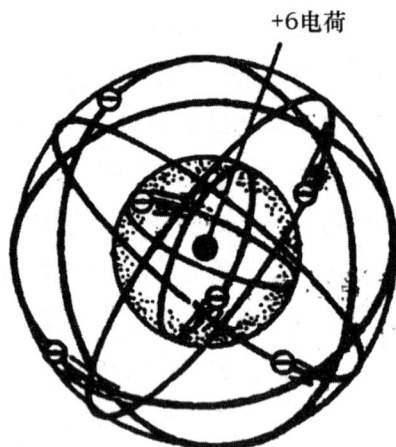

显微镜，可以把金属晶体中的原子放大几百万倍显示在荧光屏上。电子显微镜出现以后，人们利用它还获得了单个原子的像，1970年以后不断有这方面的报道。这表明原子是客观存在的真实粒子。

5. 原子核的结构

既然原子是可分的，是由原子核和电子构成的，那么，人们自然就会想到原子核是不是也是可分的？若是可分的话，它又是由什么构成的？采用什么方法才能打开原子核的大门？

曾用α粒子轰开了原子大门的卢瑟福，他又想用这个炮弹来轰开原子核的大门。1919年他用α粒子（氦核）来轰击氮核，打出了一个氧核和一个质量与带电量都与氢核相同的粒子，并指出它就是氢核。其反应式是：

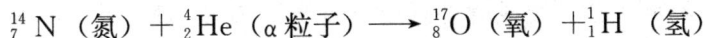

$$^{14}_{7}N（氮）+ {}^{4}_{2}He（α粒子）\longrightarrow {}^{17}_{8}O（氧）+ {}^{1}_{1}H（氢）$$

这是世界上第一次人工转变元素的成功实验！古代炼金术士的元素转化的梦想，现在却变成了现实。卢瑟福也因此被人称为"现代炼金术士"。继而，人们又从硼、氟、钠、铝等原子核中都打出了氢核。于是卢瑟福得出氢核是原子核的基本组成单位（粒学）的结论，并把它命名为"质子"，即"第一个""最重要"的意思。

发现质子后，人们就认为原子核就是由质子组成的，并认为由于整个原子对外是呈中性的，因此原子核中带正电的质子数应等于核外的电子数。不同的原子，由于原子核中的质子数不同，核外的电子数也是不同的，但质子数都应等于电子数。但是，实验测定的结果表明，只有两个核外电子的氦原子，其原子核的质子数却不是两个质子的质量，而是4个质子的质量。为了从理论上解决这个矛盾，1920年卢瑟福在法国讲学时，提出了在原子核里可能存在着一种不带电，但质量与质子相当的"中性粒子"的假说。

这是一个大胆的预言！物理学家们虽然十分了解卢瑟福的才华，但由于没有科学事实为依据，对这个预言仍持怀疑态度。然而，他的学生，英国的查德威克（1891—1974）却证实了这个假说。1932年查德威克用α粒子轰击铍核时，果然打出了质量与质子相等的中性粒子。其反应方式是：

$$_4^9\text{Be}（铍）+{}_2^4\text{He}（\alpha\text{粒子}）\longrightarrow {}_6^{12}\text{C}（碳）+{}_0^1\text{n}（中性粒子）$$

他根据美国化学家哈金斯的建议，将这种中性粒子命名为中子。随即，原苏联的物理学家伊凡年柯和德国物理学家海森堡，也先后提出了原子核是由质子和中子组成的模型。并把质子和中子统称为核子。由于这种模型能圆满地解释许多已知事实，很快就被科学家们所接受。

由于原子核是由质子和中子组成的，原子核的总质量数（A）就等于核内的质子数（Z）加上核内的中子数（N）之和，即$A=Z+N$。因此，任何一种原子核的组成就可以用符号$_Z\text{E}_N^A$或$_Z^A\text{E}_N$来表示，E表示某种元素的符号。如氦原子核（即α粒子）就可用符号表示为$_2^4\text{He}$。由于质子是带正电荷的，中子不带电荷，因此，原子核的电荷数由质子数目所决定，并由此决定原子核所从属的元素的特性。中子只起一种胶合作用，把质子束缚在一起。

6. 基本粒子及其类型

到发现中子为止的20世纪初，人们所知道的比原子还小的粒子只有4种，即电子、质子、中子和光子，并认为这4种粒子是组成物质的最简单、最基本、不可再分的"基元"了，所以人们将其称为"基本粒子"。后来，人们在宇宙射线中又发现了μ子、π介子和奇异粒子。50年代以后，人们通过高能加速器又发现了大批新粒子。到20世纪50年代末，人们已发现了30多种基本粒子。目前，人们已发现的基本粒子已达300多种。经过对这些基本粒子的深入研究发现，不同的基本粒子具有不同的性质，也就是说，它们的质量、寿命、自旋和所带电荷等都各不相同。据此，人们就把它们分为不同类型的基本粒子。其中比较典型的分类方法，就是根据质量的不同，把基本粒子分为两大类4大族：

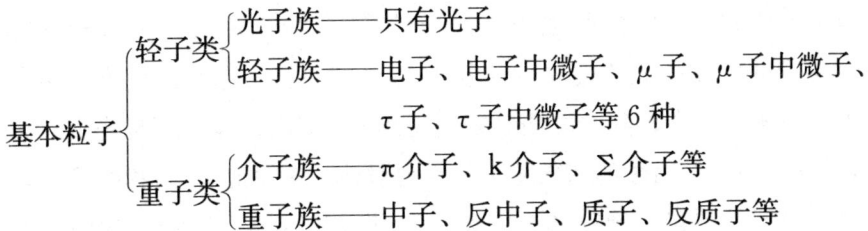

基本粒子
- 轻子类
  - 光子族——只有光子
  - 轻子族——电子、电子中微子、μ子、μ子中微子、τ子、τ子中微子等6种
- 重子类
  - 介子族——π介子、k介子、Σ介子等
  - 重子族——中子、反中子、质子、反质子等

7. 基本粒子不基本

到目前为止已发现的300多种基本粒子是否就是两千多年来人们所追索的物质"基元"？1953年，德国物理学家海森堡（1901—1976）宣称基本粒子只不过是个数学点，是个符号，再谈可分就没有意义了；1958年他在《物理学和哲学》一书中仍坚持说什么"物自体最终是一种数学结构"，"基本粒子最后也还是数学形式"[①]；1975年3月5日，他在德意志物理学会年会上作的题为《基本粒子是什么》的报告中，仍认为到了基本粒子层次，基本粒子和复合粒子的区分从此根本消失了。分割与组合等词已失去了意义。可是，科学总是要发展的，是不依人的意志为转移的。50年代以后，科学实验的事实作出了基本粒子也是不可穷尽的，也是无限可分的回答。

1956年，美国斯坦福大学的波福斯特等人发现，用高能电子轰击质子时，电子被散射的情况表明，质子的电荷不是集中在一个点，而是分布在十万亿分之一厘米（0.8×10^{-13}厘米）的范围，这说明质子决不是一个没有内部结构的点粒子，"基本粒子的最深处也许存在着更为复

---

① 海森堡：《物理学和哲学》，范岱年译，商务印书馆，1981年版，第50页。

杂的结构。"①

1956 年，日本物理学家坂田昌一（1911—1970）从物质无限可分的思想出发，认为强子（即质子、中子）是由 p、n、Λ 三种粒子及其反粒子构成的，所以他称强子是复合粒子，称 p、n、Λ 是基础粒子。1959 年日本池田等人用完全对称性的思想进一步研究坂田模型，预言一种新粒子的存在，其性质同后来发现的 η（艾塔）粒子相当吻合。因此，他在 1961 年出版的《新基本粒子观对话》中写道："当我看到采取了复合模型的观点，神秘的形式逻辑立刻转变为明确的物的逻辑的时候，我心中充满了无限的喜悦。"②

1963 年，美国加利福尼亚技术学院的物理学家盖尔曼提出了强子结构的夸克模型，认为所有强子都是由更基本的粒子"夸克"所构成，并指出有三种夸克，分别命名为上夸克 u、下夸克 d、奇夸克 s。质子是由两个上夸克 u 与一个下夸克 d 及胶质组成，中子是由一个上夸克 u 与两个下夸克 d 组成。夸克模型有一个很重要的预言——Ω^- 粒子的存在，1964 年通过加速器实验果真找到了它。

由夸克构成的质子与中子，存在于我们周围每一种物质中，但是夸克却不会自然地独立存在于自然界中。唯有在实验室中才能感觉到夸克的存在。即只有当粒子（电子或质子）以极高的速度（接近光速）发生碰撞时，才有可能产生"夸克"这样的基本粒子。而且由于碰撞产生的夸克能量相当大，所以它很快就会衰变成其他物质。因此，只有在实验室中，以粒子加速器将电子或质子加速，并使它们在高速下发生碰撞，同时要用极精密的仪器进行测量，才能推论出夸克的存在。

经由实验观测与理论推算，物理学家们认为自然界中应该有 6 种

---

① 汤川秀树等：《基本粒子》，张质贤译，科学出版社，1975 年版，第 85—86 页。
② 坂田昌一：《新基本粒子观对话》。

夸克，对应于包括电子在内的 6 种轻子。随着科学仪器的改进和性能的提高，帮助物理学家陆续发现了其他夸克。因为，粒子加速器能量不断提高，测量仪器功能不断改善，粒子碰撞瞬间的速度、能量才能愈大，从而才能愈容易捕捉到瞬间即逝的信号，发现新粒子的可能性才能愈大。

1963 年后，物理学家陆续发现了第 4、5 种夸克，即粲夸克 c 与底夸克 b，其中粲夸克是由美籍华人物理学家丁肇中领导的实验室于 1974 年发现的。底夸克是美国物理学家李德曼领导的实验室于 1977 年发现的。此后，物理学家们经过了近 20 年的努力，才发现了物质组成中的第 6 种、也是最后一种夸克——顶夸克 t。它是美国费米实验室于 1995 年春发现的。费米实验室是用周长有 6.4 公里的加速器，使用 1 千个超导磁铁，把质子与反质子加速到各具有 9000 亿电子伏特的能量后，进行对撞，在平均要 1 兆次的对撞才可能观察到 1 次顶夸克的情况下发现的。顶夸克出现后，"随即"消失。实验显示，顶夸克出现后，便在 10^{-24} 秒衰变成其他粒子。

顶夸克的发现，使粒子物理的理论模型得到验证，标志着人类在探索物质基本构成的漫长征程中又向前迈出了重要的一步，但不是最后的一步。夸克、轻子有没有结构？它们是物质的最小"基元"吗？这仍需物理学家去继续探索的物质结构之谜。随着这种探索的深入和突破，必将对人类生活带来重大影响。因为科学发展史表明，每一次理论上的重大突破都带来了科学技术的新发展。19 世纪末到 20 世纪初，人类认识了物质微观结构的第一个层次——原子以后，产生了电子学、固体物理学、半导体物理学等，出现了电子计算机、自动控制、激光等技术。人们在认识了物质微观结构的第二个层次——原子核以后，产生了原子核物理学、原子能物理学等，出现了原子弹、氢弹、原子能发电站，从而展示了人类利用原子能的广阔前景。现在人们已深入到研究物质微观结

构的第三个层次——基本粒子，乃至更深的层次——夸克，并已取得了重大突破。这必将给科学技术带来一场新的革命，对人类社会产生难以估计的影响。

宇宙起源之谜

宇宙就是客观实在的物质世界。其含义有广义和狭义之分：广义上指存在于时间和空间中的整个物质世界，是天地万物的总称；狭义上指一定时代人们观测所得的最大天体系统。后者往往被称作"可观测宇宙""我们的宇宙"，也就是现代天文学中所说的"总星系"。

宇宙观念的发展

人们对宇宙的认识，经历了一个漫长的历史发展过程，它的历史可以追溯到人类文明的萌芽时期。

1. 古代的宇宙观念

远古时代，人们对宇宙的认识处于十分幼稚的状态，他们根据昼夜交替、月亮圆缺、日食月食、天体位置随季节变化等天文现象，对宇宙的概貌作出了带有思辨和想象性的推测。如在中国西周时期，有天穹像一口锅，倒扣在平坦的大地上的早期"盖天说"；后来又发展为后期盖天说，认为大地的形状也是拱形的。古巴比伦人认为，大地犹如拱起的乌龟，天空是半球形的穹庐，大地被海洋所环绕，而其中央则是高山。古埃及人把宇宙想象为以天为盒盖，大地为盒底的大盒子，大地的中央则是尼罗河。古印度人认为圆盘形的大地驮在几只大象上，大象站在巨大的龟背上。古希腊人认为，大地是浮在水面上的巨大扁盘，上面笼罩着拱形的天穹。

直到公元前 6 世纪以前，人们还未认识到地球是一个球形的天体。第一个明确指出地球是球形的人，可能是公元前 6 世纪以后的古希腊哲学家毕达哥拉斯（约前 571—前 479）。他从美学观念出发，认为圆形、球形是最完美的几何图形，所以天体和人们所居住的大地必然是球形的，并在正圆轨道上运转。后来，古希腊的伟大思想家亚里士多德（前 384—前 322）还进一步用他的运动学理论来论证地球的形状只能是球形。从亚里士多德时代起，许多古希腊学者都接受了地球是一个球体的观念。直到 1519—1522 年，葡萄牙的麦哲伦率领探险队完成了第一次航行后，才最终证实地球是球形。

公元 2 世纪，古希腊天文学家托勒密（90—168 或 70—147）提出了一个完整的、有深远影响的地心说。其要点是：地球位于宇宙中心静止不动；每个行星和月亮都在"本轮"上匀速转动，本轮中心则沿均轮作匀速运动，只有太阳直接在均轮上绕地球转动；恒星都位于固体壳层的"恒星天"上；日、月、行星除上述运动外，每天还与恒星天一起绕地球自东向西转一周，因此各种天体每天东升西落一次。托勒密的"地心说"曾在欧洲流传了一千多年，在天文学的发展中起过一定的进步作用，它推动了观测天文学的发展；但由于这个学说完全颠倒了日地关系，所以随着天文学的发展，按其推算的天体位置与精度日益提高的观测结果越来越不相符，它的破绽也就越来越明显了。因此，波兰天文学家哥白尼（1473—1543）决定寻找一个更为合理的学说。

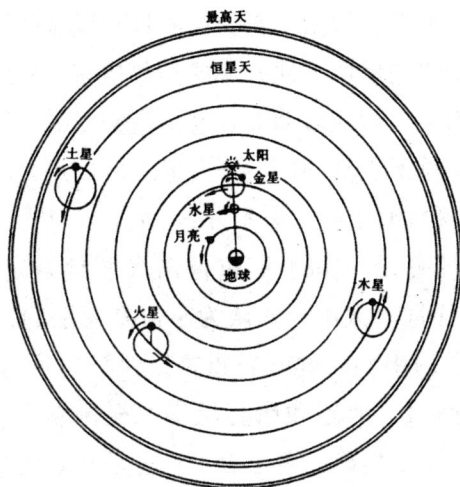

托勒密的地心说示意图①

2. 近代的宇宙观念

哥白尼在分析过去的大量天文观测资料的基础上，又经过长达几十年的观测研究，在 1543 年出版的《天体运行论》中提出了"日心说"，认为地球不是宇宙的中心，太阳才是宇宙的中心，地球和其他行星都在圆轨道上绕太阳匀速转动；天穹周日旋转的视现象是地球每天自转一周的反映；太阳在天球上的周年视运动是地球绕太阳公转的反映；各种星体的位置是：太阳、水星、金星、地球（月亮）、火星、木星、土星和恒星天层。哥白尼的日心说指出太阳是宇宙的中心，恢复了地球是普通行星的本来面貌，彻底否定了"地球是上帝安排在宇宙中心"的宗教神话，沉重打击了中世纪神学自然观所赖以存在的基石，为后来建立太阳系的科学概念迈出了关键的一步。它是人类认识宇宙从现象到本质的一次重要的飞跃，是人类认识宇宙的一个重要里程碑。从此，天文学率先跨入了近代科学的大门，并使自然科学从宗教神学中解放出来，为近代

---

① 自然辩证法百科全书编辑委员会：《自然辩证法百科全书》，中国大百科全书出版社，1994 年版，第 51 页。

自然科学革命揭开了序幕。但由于哥白尼的日心说是在托勒密的地心说基础上提出来的，所以还保留了地心说的某些烙印，如保留"恒星天"，天体只能在正圆轨道上作匀速转动等，这都是错误的。另外，他认为太阳是宇宙的中心，也是不正确的。在哥白尼之后，意大利天文学家布鲁诺（1548—1600）和德国天文学家开普勒（1571—1630）等人进一步丰富和发展了日心说。1584年布鲁诺大胆地否定了这层"恒星天"，认为恒星都是遥远的太阳。并认为宇宙是无限的，太阳不是宇宙的中心，只是太阳系的中心。这就是布鲁诺对哥白尼日心说的主要贡献。1609年开普勒揭示了地球和诸行星都在椭圆轨道上绕太阳公转，从而使哥白尼的日心说更精确、更正确了。这是开普勒对日心说的最大贡献。1609年伽利略率先用望远镜观测天空，用大量观测事实证实了日心说的正确性，进一步捍卫和丰富了哥白尼学说。

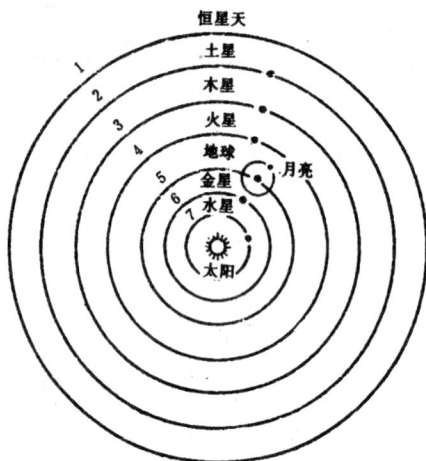

哥白尼的"日心说"示意图①

哥白尼日心说创立后，人们逐渐建立起了科学的太阳系概念，导致

---

① 《自然杂志》编辑部编著：《当代科学之门》，学林出版社，1982年版，第5页。

了太阳系天文学的大发展。1781 年德国天文学家威廉·赫歇尔
(1738—1822) 发现了天王星，打破了太阳系只能有 6 大行星的传统观
念。1783 年他还发现太阳也有自行。1846 年法国天文学家勒威烈
(1811—1877) 根据天王星实际观测位置与理论计算位置的偏差，完全
靠天体力学理论准确地预言了海王星的存在和位置，发现了海王星，从
而有力地证明了当时的宇宙理论同太阳系的客观实际是相符的。

太阳系示意图①

水星离太阳太近，图中未注明

现代天文学的研究表明，太阳系是由围绕太阳运转的行星、卫星、
小行星、彗星和流星体等天体所构成的天体系统。太阳系中共有八大行
星：水星、金星、地球、火星、木星、土星、天王星、海王星。曾被
认为是"九大行星之一"的冥王星于 2006 年 8 月 24 日被定义为"矮行
星"，从"九大行星"中除名，从此太阳系只有八大行星。除水星
和金星外，其他行星都有卫星绕其运转，地球有一个卫星——月球，
土星的卫星最多，已确认的有 17 颗。太阳占太阳系总质量的 99.86%，
其直径约 140 万公里，最大的行星——木星的直径约 14 万公里。太阳
系的大小约 120 亿公里。

---

① 《自然杂志》编辑部编著：《当代科学之门》，学林出版社，1982 年版，第 45 页。

科学的太阳系概念的建立，不仅推动了太阳系天文学的大发展，还导致了天文学家发现了银河系，从而使人们对宇宙的空间范围的认识由太阳系扩展到银河系。

银河是自然界中最美丽的景致之一，特别是夏天，它点缀在夜空中尤为美丽壮观。朦胧的白色光带，从东北向西南方向划开整个天空，悠悠地流过。银河究竟是什么？早在 1609 年伽利略把望远镜对准银河时，就使他作出了银河原来竟是由无数恒星所组成的天体系统的惊异发现。这是人类向着比太阳系大得多的天体系统——银河系迈出的第一步。随着望远镜放大倍数的提高，人们能够观测到的空间范围越来越大，观测到的恒星也越来越多。赫歇尔 1781 年发现了天王星以后，便开始研究银河系。他用首创的取样统计的方法，用望远镜来统计各个天区的恒星数目以及亮星与暗星的比例，并首次证明银河和所有散布在天空的恒星构成了银河系，认为银河系像个扁平的圆盘，它的直径约 7000 光年，厚度约 1300 光年，太阳系基本上位于银河系的中心，从而奠定了银河系概念的基础。

3. 现代的宇宙观念

银河系概念建立以后，经过一个半世纪的观测研究，1918 年美国天文学家沙普利发现了太阳不在银河系中心，1927 年荷兰天文学家奥尔特发现了银河系的自转和旋臂，许多天文学家对银河系直径、厚度的测定，从而最终确定了科学的银河系概念。现代天文学的研究成果表明：银河系是由 2500 亿颗类似太阳的恒星和星际物质构成的，直径约 10 万光年，最大厚度约 1.2 万光年，从侧面看像一个"铁饼"，正面看则呈旋涡状的天体系统。太阳是银河系中的一颗普通的恒星，处在距银心大约 3.3 万光年的地方。天文学把这个"铁饼"部分叫做"银盘"，盘的中央部分略为凸出，称为"银核"，核的中心叫做"银心"。银河系

内的恒星，大多数都集中在银盘里，银盘周围稀稀落落地分布着一些恒星，这部分天区叫"银晕"。由于大多数恒星都密集在银盘里，距我们又很远，眼睛分辨不清楚，只见白茫茫的一条白带子。所谓"银河"的名称就是由此而来的。银河系也是在旋转运动着。整个银河系绕银心旋转，太阳以 250 公里/秒的速度绕银心旋转，旋转一周约需 2.5 亿年。银河系既有自转，同时也有相对于邻近星系的运动。

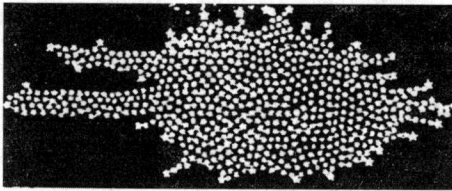

赫歇尔的银河系示意图①

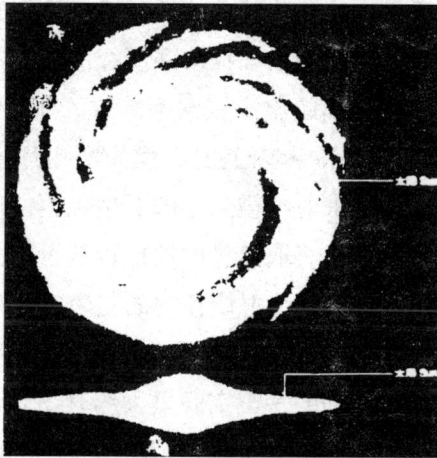

银河系结构示意图②

上图和下图分别从正面和侧面看银河系的形状

---

① 〔日〕日下实男著，李季安译：《天体和宇宙》，北京出版社，1980 年版，第 134 页。

② 自然辩证法百科全书编辑委员会：《自然辩证法百科全书》，中国大百科全书出版社，1994 年，第 679 页。

　　银河系被确立以后，人们清楚认识到太阳系只不过是银河系这个沧海中的一粟。那么，银河系是不是就是宇宙的一切了？难道在银河系之外，就没有其他的天体系统吗？此后的事实证明，银河系也不过是宇宙中的一颗"沙粒"而已。

　　河外星系的存在是从仙女座星云得到证实开始的。早在银河系的大小还未确定下来的时候，天文学家们就在飞马座大四方形的左上方，仙女座 V 星附近发现了一个模糊的斑点。起初天文学家还认为这是银河系内的星云，把它叫做"仙女座星云"。1924 年，美国天文学家哈勃（1889—1953）用当时最大的 2.54 米口径的望远镜对准仙女座星云进行观测，发现这块星云的边缘是点点繁星（即是一颗颗单独的恒星），这证明仙女座星云是同银河系相类似的星系。在仙女座星云的边缘恒星当中，也有一些造父变星，哈勃从其中的造父变星测得它的距离，远在银河系范围以外，从而证实了它是和银河系同级的河外星系。河外星系的发现使人类认识的宇宙范围超出了银河系，进入了更广阔的宇宙范围。20世纪30年代以来，口径 3 米以上的大型光学望远镜在世界各地陆续建成，特别是近四五十年来射电望远镜的诞生，不但使天文观测手段具备空前的探测能力，而且使获取信息的窗口也从可见光逐步扩展到包括射电、红外、紫外、X 射线和 γ 射线在内的整个电磁波。天文学家们利用现代天文观测手段巡视全天发现，河外星系不可胜数。按照取样统计的方法统计，在可以观测到的宇宙空间里大约有 1000 多亿个河外星系。

　　河外星系不仅数目繁多，从形态上看也是丰富多彩的。有的呈圆形，有的呈椭圆形，有的好像旋涡，有的却很不规则。尽管它们千姿百态，但是大体上可以分为三类①：一类叫椭圆星系，形状比较规则，一般为扁度不等的一些椭圆；一类叫不规则星系，形状极不规则，没有特

---

① 李启斌：《天体是怎样演化的》，中国青年出版社，1979 年版，第 99 页。

别明亮的星系核；最有趣的一类是旋涡星系，它有一个椭圆形的亮核，并从亮核伸出两条或多条盘旋的臂，叫做旋臂。在全部河外星系中，椭圆星系大约占17％，不规则星系只占3％，旋涡星系最多，占80％。银河系是一个普通的旋涡星系。河外星系之间相距都很远，各星系间的平均距离在2000万光年左右，银河系与其近邻的仙女座星系的距离是250万光年。河外星系发现以后，银河系在宇宙中的地位也就一目了然了，打破了把银河系看成整个宇宙的错误观念。

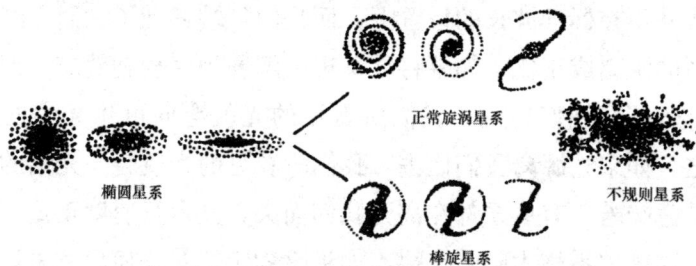

椭圆星系　正常旋涡星系　不规则星系　棒旋星系

哈勃的星系分类图①

目前，现代天文学把由银河系和在150亿光年空间范围所观测的1000多亿个河外星系所构成的最大天体系统叫作"总星系"，也就是"我们的宇宙"。但是，"总星系"也不是宇宙的最后一个层次。宇宙是无限的，随着科学技术的发展，人类的视野必将不断扩大，必将在"总星系"之外，发现更多的"总星系"。那么，人们已经观测的这个"总星系"，即"我们的宇宙"是怎样起源的，又是怎样演化的？

---

① 李启斌：《天体是怎样演化的》，中国青年出版社，1979年版，第99页。

宇宙的起源

　　这里所说的宇宙起源，是指人们所观测的"总星系"，即"我们的宇宙"的起源。早在 1929 年，哈勃在仔细研究了一批星系的光谱之后发现，除个别之外，绝大多数星系的光谱都出现红移现象，即它们的光谱的谱线并不在标准波长的位置上，而是向红端移动了，而且红移量大致同星系的距离成正比。如果将红移现象解释为多普勒效应，即运动着的光源，若朝着我们运动，我们所看见的光就会向可见光谱的紫端偏移；反之，如果光源离我们而去，我们所看见的光就会向光谱的红端偏移，那就意味着所有星系都在离开我们而去，其退行速度正比于同我们的距离。这种关系称为哈勃定律。如果哈勃定律对任何星系来说都成立的话，那么，它的直接推论就是：宇宙中所有的星系都在彼此远离，即

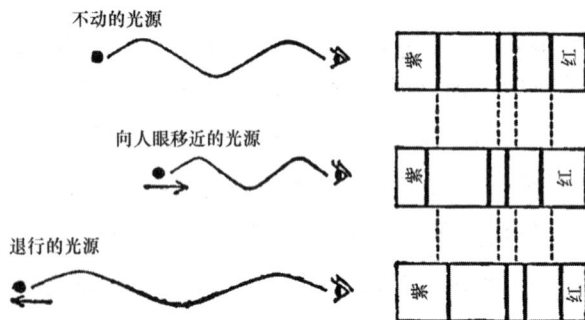

光的多普勒效应[①]

当光源向人眼移近时，光谱线向紫端（即向左）
位移。当光源退行时，光谱线向红端（即向左）位移

---

　　① 〔美〕I·阿西摩夫著，王涛等译：《宇宙、地球和大气》，科学出版社，1979 年版，第 39 页。

宇宙处于普遍的膨胀之中！哈勃的这一发现既动摇了宇宙整体静止的传统观念，又为进一步研究宇宙的起源和演化提供了直接的观测依据，是本世纪天文学的最重要成就之一。

如果星系现在仍在彼此远离，那么它们过去必定靠得很近，也就是说，较早时代的宇宙，物质密度会很高。这样继续推理下去就意味着整个宇宙的物质最初必然处于极其高密的状态，后来可能由于发生爆炸形成了今天的宇宙。天文学家们正是沿着这种思路提出了"我们的宇宙"——总星系起源于这种极其高密状态的宇宙——"原始火球"的多种假说，其中影响最大的就是美国天文学家伽莫夫（1904—1968）的大爆炸宇宙学。

1. 伽莫夫的大爆炸宇宙学

1948 年，伽莫夫把核物理和基本粒子理论与宇宙膨胀现象结合起来，提出了著名的大爆炸宇宙学假说。他认为今天的宇宙最初是一个高温、高密的"原始火球"，球内充满辐射和基本粒子。后来由于基本粒子的相互作用引起爆炸而向四面八方均匀地膨胀，从爆炸的瞬间算起到现在经过了大约 150 亿年的时间，演化成今天的宇宙。其间大致经历了如下主要阶段。

暴胀阶段[①] 从原始火球爆炸开始计时，称为宇宙时。在宇宙时 10^{-44}—10^{-7} 秒期间，宇宙急剧膨胀，称为暴胀阶段。暴胀后的宇宙范围增大了 10^{50} 倍，并产生了夸克、轻子和玻色子等最基本的粒子。随着宇宙的膨胀，温度与密度也随之急剧下降。

基本粒子形成阶段 宇宙时在 10^{-6}—10^{-2} 秒期间，温度下降到 10^{13}

---

① 补充了 1980 年美国天文学家左斯提出的关于作为大爆炸宇宙学的补充暴涨宇宙学的观点。

K，宇宙中最活跃的是进行强相互作用的基本粒子——强子，包括介子（质量介于电子和质子之间的基本粒子，如 π 介子、γ 介子等）和重子（如 Λ 超子、Σ 超子等）的生成，这是强子时代。当宇宙时在 10^{-2}—10^0 秒期间，宇宙中以电子、μ 子、子和中微子等轻子的产生为主，被称为轻子时代。这个时期的主要特征是基本粒子的分解和正反基本粒子的湮灭，如中子衰变成质子放出电子和中微子，电子和正电子相遇湮灭为两个光子等。由于这两种反应是不断进行的，因而产生了大量的光子和中微子，以至当温度下降到 10^{10} K 时，导致光子（辐射）占优势，于是宇宙的演化进入下一个阶段。

辐射阶段或核合成阶段　宇宙时在 10^0—10^2 秒期间，由于大量的电子和正电子的湮灭变成两个光子，使宇宙中的光辐射占居优势，强子、介子和轻子等实物粒子退居次要位置，宇宙进入辐射时代。当宇宙时为 $1.8×10^2$ 秒时，温度已下降到 10^9 K，宇宙中的质子和中子之间开始进行核反应，从而形成氘、氦等原子核，因此，这个阶段被称为"核合成阶段"。大约经历了 30 分钟的演化，核合成结束时，宇宙中氦的含量按质量计算约占 25％，氘只 1％，其余大部分是氢。

实物阶段　宇宙时 1 万年以后，随着宇宙的膨胀和温度的下降，实物密度逐渐大于辐射密度，辐射居于次要地位，宇宙进入实物为主的阶段。这个阶段开始时，温度大约为 $4×10^3$ K，实物完全处于电离状态，并由于电磁作用，使光子和质子耦合在一起。在宇宙时 30 万年时，宇宙温度降至 $3×10^3$ K，耦合在一起的光子和质子分离，质子俘获自由电子形成中性的原子，光子因此变得可以自由传播，宇宙也随之变得透明起来。随着原子的不断形成，直到基本完成以后，光子和质子不再耦合在一起，开始各自独立地演化。由于实物受到的辐射压不断减少，万有引力的作用逐渐增强，当发生某种不均匀的扰动时，实物就很容易聚集在一起，形成稀疏的原始星云，大约在宇宙时 70 万年时，原始星云逐渐演化成原始星系，进而演化成超星系团、星系、恒星和其他星际物质，宇宙逐渐演化为人们今天所观测的这个样子。

以上就是大爆炸宇宙学所描绘的宇宙起源和演化的大致图景。但由于其中包括一些推测和空白，它所作出的关于宇宙的氦丰度为25％以及今天的宇宙温度已降到只有绝对温度几度等的预言，尚缺少观测事实，所以伽莫夫的大爆炸宇宙学理论，当时并没有引起人们足够的重视。20世纪60年代以来，由于该学说的几个重要预言，先后被现代天文学观测事实所证实，才引起人们的重视，并因此使它获得声誉。

2. 支持大爆炸宇宙学的重要观测事实

支持大爆炸宇宙学的重要观测事实是：

其一，河外星系的谱线红移现象。20世纪60年代以来，人们用5.08米口径的望远镜，已观测到一些更非常遥远的星系，发现它们的光谱都出现红移现象，从而说明河外星系的红移是一种普遍现象。这表明我们周围的河外星系都在向外退行，这正好是一幅四处奔跑的宇宙膨胀图景，因而是对大爆炸宇宙学非常有力的证据。

其二，宇宙中普遍存在着丰度为30％的氦。现代天文观测表明，无论在宇宙中的哪个角落，无论在星系、恒星、星际物质中，氦的含量质量计算都约占30％。这个事实恰好同宇宙在核合成阶段形成的氦丰度相一致（氦合成后很稳定，它的含量保持至今），高出的部分是恒星演化过程中产生的，因此，这一发现与大爆炸宇宙学的预言相符合。这对大爆炸宇宙学无疑又是一个有力的支持。

其三，3K微波背景辐射的发现。1964年，美国贝尔实验室的彭齐亚斯（1933— ）和威尔逊（1936— ）在用一架卫星通讯天线装置进行测量时，发现一种噪声辐射，相当于绝对温度3.5度。在此以后将近一年的测量中，他们进而发现这种消除不掉的噪声辐射是各向同性的，而且不受季节变化的影响。这表明这种辐射不可能来自任何特定的辐射源，因此只能是一种宇宙背景辐射。它是什么原因造成的呢？这两位科学家当时回答不出来。正巧普林斯顿大学的迪克（1916— ）为首的研究组正在重新研究"原始火球"的遗迹。1965 年初，彭齐亚斯和威尔逊与普林斯顿的研究组互访共同研究后终于确信，他们所发现的宇宙背景辐射正是"原始火球"的遗迹。

为了最后证实这一看法，射电天文学家们开始作进一步探测。结果发现，在 30 厘米到 0.5 毫米的波段，探测到的背景辐射的强度随波长的分布，完全符合由理论推算出来的温度为 2.7K 时的黑体谱曲线，也就是说微波背景辐射是温度约为 2.7K（习惯上称 3K）的黑体辐射。宇宙背景辐射的发现就无容置疑地为大爆炸宇宙学提供了有力的证据。微波背景辐射的发现也被誉为当代宇宙学最有影响的成就之一，彭齐亚斯和威尔逊也因这一发现获得了 1978 年度的诺贝尔物理学奖。

3. 宇宙的未来

我们的宇宙将来会怎样？有两种不同的观点，一种观点认为，我们的宇宙将永远地继续膨胀下去，成为一个"开放型"的宇宙；另一种观点则认为，宇宙膨胀速度将逐渐变慢，最后停止膨胀，并转为收缩。在未来的某一天，宇宙的所有物质将被聚集到一个极小的区域，尔后再一次大爆炸，开始了下一次的宇宙演化。按照这种观点，宇宙是处于一个膨胀、收缩、再膨胀、再收缩的无限循环的过程中。这种宇宙被称为"脉动的宇宙"、"振荡的宇宙"，也称为"闭合型"宇宙。

关于我们的宇宙究竟是开放的还是封闭的问题，长期以来一直争论不休，一切都取决于进一步的观测。但目前一些著名的宇宙学家，如霍金、林德等人，倾向于我们的宇宙是闭合型的观点。菲尔德说：在未来

"开放式"宇宙
永远继续膨胀下去

↑

"闭合式"宇宙?

?

将来

现在

过去

大爆炸

将来

现在

过去

大爆炸

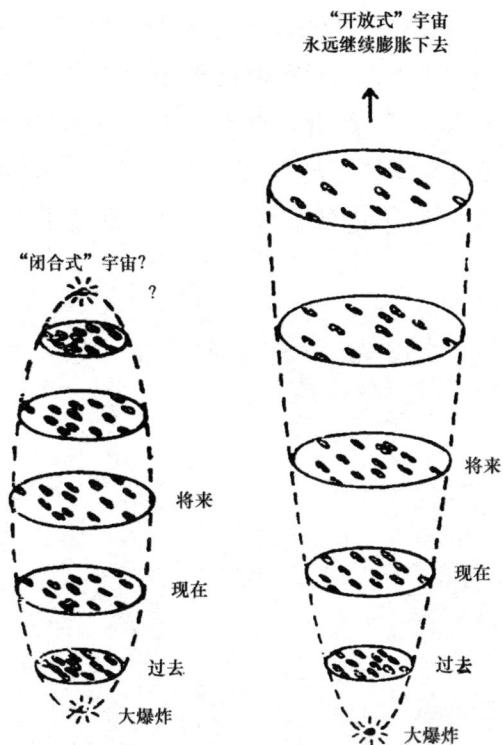

"开放式"宇宙及"闭合式"宇宙①

的"某一个日子的某一个确定时刻，宇宙将被压缩到一个奇点并且告终"。② 林德则更为明确地指出："我们这个膨胀开来的区域（以及所有其他与之相同的区域）在经历了漫漫无尽的时代之后，最终肯定还会在引力的牵引下塌缩成为一个奇点，……"。③ 但"奇点"（原始火球）究竟是一种什么样的物质形态，都没有解释清楚。人们所说的宇宙起源于

① 〔美〕奈杰尔·考尔德著，李小源译：《开启宇宙的钥匙》，科学普及出版社，1981年版，第206页。

② 菲尔德等：《宇宙演化——天文学入门》，科学出版社，1985年版，第466页。

③ 林德："宇宙：始自混沌的暴胀"，美国新科学家，1985年5月17日。

一个奇点，其实只不过是一种纯数学式的回答，它除了说明宇宙在创生瞬间和在此之前的状态为人们目前的物理与理论所望尘莫及以外，也就没有什么其他物理内容了。因此，奇点就成为大爆炸宇宙模型和作为它的补充与发展的暴涨宇宙模型最为棘手的问题。此外，也还有许多其他问题没有弄清楚。因而宇宙的起源，仍然是需要人们去追索的自然奥秘。

生命起源之谜

今天，我们人类居住和繁衍生息的这个地球上到处都有生命现象。不论是从高山到平原，还是从沙漠到草原、从赤道到极地、从天空到湖海，到处都有种类繁多、大小不一、形态各异的生物。据统计，地球上有100多万种动物，30多万种植物和10多万种的微生物。它们把偌大的一个地球装扮得千奇百怪，瑰丽多姿，生机勃勃。

但是，生命现象却不是从来就有的。地球演化史告诉人们，46亿年前，在这个刚诞生的地球上既没有碧绿的庄稼和苍翠的森林，也没有湍急的河流和浩瀚的海洋；既没有飞禽走兽，也没有鱼龟虾蟹，甚至就连最原始的生命现象也杳然全无。那时的地球上所有的只是光秃秃的岩石和荒野；有的只是经常爆发的火山和到处横溢的熔岩；有的只是乘火山爆发而喷发出来的原始大气。既然如此，那么，地球上的生命究竟是怎样起源的？有史以来，这个问题就一直受到人们的注意。在以往久远的历史岁月中，曾经出现过繁多的生命起源学说。特别是到了近代，至于生命起源则更是假说林立，新论纷起。历史上的生命起源学说尽管众说纷纭，但归结起来主要有神创说、自生说和永恒说等。

生命起源的神创说

神创说认为生命是有灵魂的事物，能保持自己的"隐德莱希"的实体。后来有人又把生命称之为有"活力"的有机体。那么，这种具有"活力"的生命是怎样起源的？神创说则认为，这是超自然力量的结果，是神、上帝的创造。如在《旧约全书》的"创世纪"中就开篇明义地写道：整个世界包括动植物和人的生命在内，是上帝在 6 天内创造出来的。这显然是一种把生命现象与物质割裂开来的唯心主义的观点。

生命起源的自生说

自生说又称自然发生说，是一种认为地球上的生命是从非生命物质中自然发生的学说。这种观点不仅盛行于古老的中国，也盛行于古老的其他民族。古代中国人认为腐肉生蛆，枯草化萤。如荀子（约公元前313—公元前 238）认为："物类之起，必有所始"，"肉腐出虫，鱼枯生蠹"、"积土成山，风雨兴焉；积水成渊，蛟龙生焉"。王充（公元 27—公元 97）继承了荀子的自生说，认为鱼是水中自然发生的，草是土地中自己长出来的，虫由于温湿而产生的。在此基础上他还总结出了"万物自生，俱得一气"的唯物主义生命自生说。古代印度人认为汗液与粪便可生虫类。古代埃及人认为尼罗河的淤泥经过阳光的曝晒就可以产生出青蛙、蟾蜍、蛇、鼠。古希腊的德谟克利特（约公元前 460—公元前 370）主张生物是由水与土直接变成的。4 世纪的一个大主教说："有些生物是由以往即已存在的同类继承下来，另一些直到现在仍然是从泥土中生出。土地不仅在雨天可以生出蝗虫和成千种飞翔在天空的禽类，而且还能生出鼠和蟾蜍。在埃及的费佛附近，夏天多雨时期突然到处皆是田鼠。我们知道鳗鱼不外是由水草生成的。它们不是从卵或从其他方式繁殖出来的，但由泥土可以变成"。① 中世纪的学者甚至说青蛙是由 5 月的露水、狮子是由荒野里的石头变成的。英国博物学家列克姆认为，树脂与海水中的盐相结合，就可以生成鸟类，所以欧洲人曾认为吃鹅、鸭肉也是吃素。比利时医生赫尔蒙特认为垃圾可生老鼠。此外，法国生物学家拉马克（1744—1829）相信水螅能从污泥中自生。德国哲学家黑格尔（1770—1831）也说海洋里能自生鞭毛虫。我国的吴承恩（1500—1568）在著名神话故事章回小说《西游记》的第一回中，就话说在花果山，正当顶上有一块仙石，内育仙胞，一日迸裂，产一石卵，似圆球样大。因见风，便化作一个五官俱备，四肢皆全的孙猴儿。这虽然是一个神话故事，但却反映了作者——吴承恩对生命起源的一种自生说的观点。

不同国家、不同民族，在地理隔离、语言不通、文化又较少交流的情况下，出现了相似的"自生说"观点不是偶然的。这是由于生产力水平低下的时代，察物未精，把现象当作本质的结果。正因为如此，直到近代自然科学产生以前，自生说一直支配着人们的头脑。随着近代自然科学的产生和发展，科学实验从生产实践中分离出来并成为一种独立的实验活动，才使人们逐渐从自生说的束缚中解放出来。

首先对当时流行的腐肉生蛆的自生说观点发生怀疑的是 17 世纪意大利医生雷迪（1626—1698），并通过一个很简单，但却很有说服力的实验，否定了"腐肉生蛆"的看法，在科学发展上给自生说打开了第一个缺口。雷迪的实验是：他把一块新鲜的肉切成两块分别放在两个洗得

---

① 奥巴林：《地球上的生命的起源》，徐淑云译，科学出版社，1961 年版，第 11 页。

很干净的缸里，一个缸子敞着口，一个缸子用牛皮封起来，防止苍蝇与肉接触。过了几天，敞着口的缸子里的肉腐烂生蛆，而用牛皮封起来的缸子里的肉虽然腐烂了却没有生出蛆来。他把用牛皮封起来的缸子的牛皮拿掉以后，过了几天，里面也生出蛆来。他由此得出结论：腐肉并不能生出蛆来，蛆是由苍蝇的卵变来的。雷迪的这个实验颇有说服力，有力地打击了自生说。可是，正当自生说受到冲击而发生动摇的时候，随着 17 世纪末显微镜的发明，他们对生命系统的认识从宏观深入到微观，从而也使人们对自生说的认识也随之复杂化了。荷兰的列文虎克（1632—1723）用显微镜在雨水、泥土甚至人的牙垢中发现了大量的微生物。他写道："在一个人口腔的牙垢里生活的动物，比整个王国里的居民还多。"在封闭容器里的肉虽然没有生蛆，但通过显微镜可以看到在短时间内产生出许多微生物。这一发现使人们认为各种生物是从微生物直接变成的，而微生物却可以从其他非生物中直接形成的，有力地支持了自生说，使自生说重新活跃起来。自生说依附着微生物苟延残喘挣扎了近 200 年，到了 19 世纪 60 年代，才被法国微生物学家巴斯德（1822—1878）彻底摧毁。

巴斯德认为，在空气中，在土壤里，在人的身上和各种器具上都有许多用肉眼看不到的微生物孢子存在着，微生物只能由这些孢子产生，而决不能自然发生。肉汁之所以会腐败，就是由微生物的繁殖所引起的。1862 年，巴斯德通过设计一个精确的实验验证了自己的观

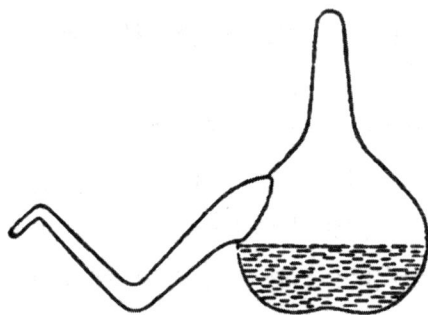

巴斯德检验自然发生说的瓶子

点，否定了自生说。他设计制造了一个既像鹅的脖子又像一个横放的 S

形的长颈瓶子①，他不把瓶口封死，空气可以进入瓶内，但空气中的尘埃、微生物和微生物孢子却进不去，因为 S 形的瓶颈像个陷坑，使微生物和微生物孢子等沉淀于曲颈的底部而进不了瓶子里。巴斯德把一些肉汤放入瓶子里，安装上 S 形的瓶颈，然后加热煮沸，杀死肉汤里和瓶颈里的微生物与微生物孢子，即高温消毒。尽管空气可以通过敞着口的 S 形瓶颈进入瓶内，但瓶子里的肉汤却经久不见浑浊，也就是说没有出现微生物。巴斯德把安装在瓶子上的 S 形瓶颈拿掉后，瓶子里的肉汤很快就浑浊变质了。这说明，就连微生物那样微小的生物，也不能一下子从非生命物质中自然发生。自生说便因此彻底退出历史舞台了。1864 年，俄籍德国人贝尔（1792—1876）在回顾这段历史时说，在 1810—1830 年间，科学家中只有几个人不相信自然发生说，通过巴斯德实验，人们已普遍不相信这个学说了。可是，巴斯德的实验并没有解决生命是如何起源的问题。在这种情况下，生命永恒说却开始流传起来了。

生命起源的永恒说

永恒说否认生命是由非生命转化而来的，认为生命与物质一样古老，是永恒存在的，所以研究生命的起源问题是毫无意义的。德国化学家李比希（1803—1873）在 1868 年说："我们只可以假定：生命正像物质那样古老，那样永恒，而关于生命起源的一切争论，在我看来已由这个简单的假定给解决了。"既然生命是古老的，地球最初又不可能有生命，那么地球上的生命是从哪里来的呢？一个逻辑上的必然答案是：地球上的生命是从别的天体上迁移来的。此后不久，就有人提出了地球上

---

① 〔美〕I·阿西摩夫著：《生命的起源》，科学出版社，1979 年版，第 185 页。

的生命来自天外的"宇宙生命论"的观点，如德国的赫尔姆霍茨（1821—1894）说："如果我们用无生命的物质制造有机体的一切努力都失败了，那么依我看来，一个完全正确的办法就是问一问：生命究竟发生过没有，它是否和物质一样古老，它的胚种是否从一个天体移植到另一个天体，并且在良好土壤的一切地方都发展起来了？"生命永恒说的著名代表是瑞典化学家阿累尼乌斯（1859—1927），他认为生命不是地球上一定时期的产物，而是从别的天体上迁移而来的。他说："要理解行星上产生生命的可能性，就不得不求助于胚种论学说"。在李比希和阿累尼乌斯他们看来，有了"宇宙胚种论"，生命起源的一切问题就解决了。

可是，有不少人怀疑"永恒说"的观点。他们指出，宇宙空间是很广阔的，胚种从一个天体移植到另一个天体要经历很长时间，而星际空间的温度很低，又没有氧气，胚种怎么能经受住这些考验而不死呢？恩格斯也指出："关于'永恒生命'和生命自外面输入的假说，是以下列两点为前提的：（1）蛋白质的永恒性。（2）一切有机物都能从它那儿发展出来的原始形态的永恒性。两者都是不能允许的。"[①] 尽管如此，生命永恒说这种学说直到 19 世纪末与 20 世纪初，还在生命起源问题上纠缠不休。后来人们逐渐认识到，这种观点要能站得住脚，至少必须满足三个条件：首先要论证宇宙中间确实存在着生命；其次，要解释这些生命胚种是怎样掉到地球上来的；其三，要说明生命胚种必须能活着到达地球上来。现代科学研究表明，第一与第二个条件是可以具备的，第三个条件是不能满足的难关。因为在浩瀚的宇宙空间充满了杀伤力极强的紫外线和宇宙光的辐射，所有的生命胚种，在这种极强辐射中很快就会被杀死的。因此，必须摒弃永恒说，放弃到地球之外去寻找生命起源的

---

① 恩格斯：《自然辩证法》，人民出版社，1984 年版，第 282 页。

企图。地球上的生命必然是在地球上产生的。

关于生命起源的划时代的科学预见

在巴斯德的著名实验成功地否定了自生说之后，生命起源的探索又在风沙弥漫的道路上迷失了方向。各种各样的怀疑论、悲观论、不可知论便乘虚而入，大作文章。他们有的怀疑"生命究竟发生过没有？"用生命和物质一样古老、永恒的假定，一笔勾销了探索生命起源的必要，认为是无聊的想法，是白白浪费时间；他们有的主张到地球之外去探索生命的起源。就在这种情况下，恩格斯以辩证唯物主义为指导，把生命起源放到物质运动发展到高级阶段所形成的一种特殊表现形式，从而创立了生命起源的化学进化学说。他提出了"生命的起源必然是通过化学的途径实现的"[1]，"生命是整个自然界的一个结果"[2] 的著名论断。这一光辉思想粗线条地勾绘出了生命起源的辩证图景，为生命起源的研究指出了一条正确的道路，标志着人类对生命起源的探索将进入一个新阶段。

生命起源的基本图景——现代说

进入 20 世纪以后，经过前苏联生化学家奥巴林（1894—1980）、英国生物学家霍尔丹（1892—1964）、美国化学家尤里（1893—1981）、尤

① 恩格斯：《反杜林论》，人民出版社，1970 年版，第 70 页。
② 恩格斯：《自然辩证法》，人民出版社，1984 年版，第 32 页。

里的研究生米勒（1930—）、美国化学家福克斯（1912—）等人的创造性的工作，使人们对生命是如何起源的比较一致的看法是：生命起源是地球形成的早期化学物质长期进化的结果，从非生命向生命的转化大约完成于38—36亿年之间，化学进化发展到原始生命，大致经过如下几个阶段：①由无机小分子形成有机小分子；②由有机小分子进化为有机大分子；③由有机大分子发展为多分子系统；④由多分子系统演化为原始生命。此后再由原始生命演化为细胞形态的生命，从而便开始了细胞形态的生物进化。目前的实验材料表明：头两个阶段的化学进化已有大量的实验证据；第三个阶段的化学进化已为部分观察材料所支持；第四个阶段，当代自然科学尚未提供有效的证据。

①由无机小分子形成有机小分子

原始大气层是化学进化第一个阶段演化的舞台，原始大气的诸成分是地球上有机物的来源。

原始大气的成分是与现代大气的成分不同的，依据科学地分析和推测，现在大多数学者认为，原始大气的主要成分是由氢（H_2）、水蒸气（H_2O）、甲烷（CH_4）、氨（NH_3）、氮（N）、二氧化碳（CO_2）、硫化氢（H_2S）等组成。由于原始大气没有游离的氧分子，是还原性大气，所以原始大气的成分是能使生命窒息或中毒的"死物"。然而，就是这些在今天看来是"死物"的原始大气成分却孕育着"生机"，地球上的有机物正是由这些"死物"转化而来的。

无机物演变成有机物，不仅需要原料，而且还需要能源。原始地球上的能源是相当丰满的。特别是到达地球表面的紫外线，要比现在强烈得多，因为原始地球上没有臭氧层，太阳光中的紫外线可以长驱直入直接照射到地球表面上。此外，雷击闪电、陨石碰撞、火山喷发以及宇宙射线等能源，都能对生成有机物的化学反应提供充分的条件。这样，在多种能源的综合作用下，使原始大气中的 CH_4、H_2O、NH_3、CO_2 等简单分子的化学键被破坏、打断，C、H、O、N 等原子从分子中解放出来，重新结合成各种新的化合物，使氨基酸、核苷酸、含氮碱基、嘌呤和糖等有机物源源不断地产生出来。

生命起源的化学进化的第一个阶段发生在几十亿年前，事过境迁，自然界的历史是不会重演的。但是人们却可以用模拟实验来模拟它、验证它。1953 年，美国学者米勒设计了一个别出心裁的实验——模拟了在原始还原性大气条件下，有机小分子氨基酸产生的可能性。米勒设制了一个特殊的玻璃仪器①，先抽成真空，再用 130℃的高温消毒 18 小

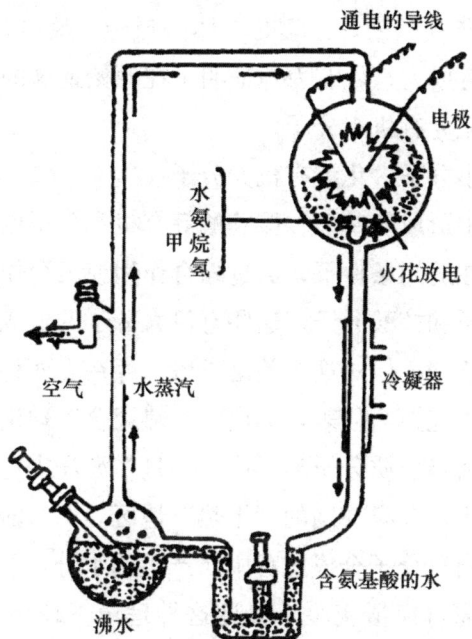

米勒模拟原始大气条件下合成氨基酸的实验装置

---

① 林可济等主编：《自然辩证法基本原理》，福建人民出版社，1984 年版，第 111 页。

时，然后通入甲烷（CH_4）、氢（H_2）、氨（NH_3）、水气（H_2O）后，便又模拟原始地球闪电的自然条件，连续进行火花放电8天8夜。结果在完全没有生命的系统中发现了11种氨基酸，其中有4种氨基酸与天然蛋白质中的氨基酸相同（如甘氨酸、丙氨酸、谷氨酸、天冬氨酸）。米勒的模拟实验为人们提供了几十亿年前，原始大气合成有机物的生动图景，有力地证明了无机小分子合成有机小分子的可能性。此后，其他学者改变米勒的实验条件，如不用电火花，而用紫外线、X射线等作为能源，也得到了相似的结果。目前，组成蛋白质的20种氨基酸都已人工模拟合成。60年代以来，核酸的单体（嘌呤、嘧啶、核糖、核苷酸）也相继人工模拟合成。这就有力地证明了在原始地球的自然条件下，无机小分子可以转化为有机小分子。

②由有机物小分子进化为有机大分子

在原始大气中形成氨基酸、核苷酸等有机小分子以后，经过长期积累和相互作用，在适当条件下，通过缩合作用或聚合作用，就逐渐形成了原始蛋白质分子和核酸分子。这些有机大分子的形成是化学进化过程中的又一次重大质变，但对这个关键阶段，存在着两种不同看法。一是以美国生化学家福克斯为代表，提出"干热聚合"理论来解释蛋白质分子的合成。他认为蛋白质分子的形成，不是在海洋中进行的，而是在原始地球的一些火山、温泉周围的"干热"地区。氨基酸在干热无水的条件下，能消除蛋白质分子合成过程中所产生的水分，从而能聚合成原始蛋白质分子。他通过模拟实验来验证这种理论。1958年，他将甘氨酸溶解于加热熔化了的焦谷氨酸液体中，并加热到170℃，获得了谷氨酸甘氨酸聚合物——即类蛋白。1960年，他又对天冬氨酸和谷氨酸混合在一起加热，又得到了"类蛋白"的高分子聚合物。福克斯认为，这种类蛋白是今天生物体内各种各样蛋白质的始祖。以福克斯为代表的这种观点，有人称为陆相起源派。二是以英国贝尔纳为代表，认为在原始海洋中，氨基酸和核苷酸可以在干燥沉积的粘土上，经退潮和阳光作用发生聚合，从而形成生物大分子。他用含微量镍和锌等金属的粘土在反复经过化学溶液浸泡后，又进行干燥脱去水分，获得了类蛋白和类核酸。有人把这种观点称为海相起源派。

近年来人工合成蛋白质和核酸的工作，已取得了巨大进展。1965年，我国科学工作者在世界上首次人工合成由 51 个氨基酸组成的结晶牛胰岛素。此后不久，国外学者又先后合成由 124 个氨基酸构成的核糖核酸酶，以及由 188 个氨基酸构成的人生长激素。近年来国外又有人用人工方法合成了由 77 对核苷酸分子组成的 DNA 片断，在此基础上，不久又合成了由 126 对核苷酸组成的 DNA 片断。模拟实验和人工合成都说明了在原始地球条件下合成蛋白质与核酸等有机大分子是合乎规律的事情。

③由有机大分子发展为多分子系统

蛋白质和核酸有机大分子在单独存在情况下都不能显示生命现象，只有它们有机地结合起来，聚合成多分子系统才具有生命现象。因此，多分子系统的形成是化学进化过程中最复杂、最有决定性的阶段。目前关于这一阶段的研究尚处于探索阶段。

在原始地球条件下，多分子系统形成机制的研究，主要有前苏联学者奥巴林和美国学者福克斯的两种模型。奥巴林认为在原始海洋中的有机物质能浓缩成团聚体，并以此作为生命起源过程中的一种可能的模式进行了研究。50 年代末到 60 年代，他用各种有机大分子，如蛋白蛋—蛋白质，蛋白质—核酸，蛋白质—核酸—糖类等组合成各种复杂的团聚体。他发现这些团聚体都是一些独立的多分子系统，与周围介质有明显的界限，能有选择地吸附各种物质，具有多种特性。如加进各种酶时，团聚体小滴内就会发生生化反应，加速氧化、还原作用。团聚体还具有利用外界物质进行合成的功能，并能把生成物不断排到外界，成为新陈代谢原始过程的基础。但是，奥巴林所研究的团聚体，都是利用现有生物产生的有机大分子或天然胶体物质聚合产生的，因此与产生生命的原始地球条件下的化学进化产物相比相差较大。

福克斯提出的是类蛋白微球体模型。他认为类蛋白在"热地区"聚合成功以后，被雨水冲入原始水域后，就会聚合成微球体。他还通过模拟实验来验证这一设想。由模拟实验得到的微球体类似某种细菌，用电子显微镜能看到好像有双层膜结构的边界面。微球体长期置于原来的溶液中，能生出芽体，芽体还能长成微球体。显而易见，这是一种非生物性"繁殖"，是一种简单的新陈代谢和自我繁殖的机制。因此，福克斯在70年代初，把团球体、微球体都看成生命起源过程中的原始细胞模型。但是，福克斯的类蛋白微球体不含核酸，这与生命现象是离不开核酸的已知事实不相吻合。因此，多分子体系究竟是怎样在原始地球条件下形成的，还有待人们去进一步探索和研究。

④由多分子系统演化为原始生命

由多分子系统演化为原始生命，这是生命起源过程中更为复杂、更有决定性意义的化学进化阶段，它直接涉及原始生命的诞生。目前，人们还不能在实验室里验证这一过程。不过，多数学者认为，像原始生命这样一种复杂的多分子系统，绝不是蛋白质与核酸等大分子系统的简单相加，而是出现了以蛋白质为主的代谢系统和以核酸为主的遗传系统之间的耦联，并在多分子系统内部建立起信息传递、控制与调节的新关系，能有效地利用其他有机物而繁殖自身的个体，从而才出现了非生命界前所未有的新质，即原始生命。它既能不断自我复制、自我更新，又能进行自我繁殖、自我调节。

生命的产生，是地球演化史上的一次大飞跃、大突变。因为正是由于它的产生，才使地球演化的历史从化学进化阶段推进到生物进化阶段，从此，自然界一分为二，出现了无机界与有机界的对立统一。并由此引导出从低到高、从少到多、不断演化、不断发展、生气勃勃的生物进化的历史。

现代自然科学的研究成果，虽然为人们提供了一个生命起源的基本图景，然而在某些关键性问题上还有待于探索。生命究竟是怎样起源的，依然是个"谜"。但是，也应当承认最近几十年来生命起源研究的进展是迅速的，前景是乐观的。正如锡兰出生的生化学家庞南佩鲁马所说："最近一些年来所积累的生化知识，已使我们深深洞察到自然的某些最秘密的过程。我们有了这种理解的帮助，解决问题所需要的时间可能不会太长。"

人类起源之谜

人类是地球上最美丽的花朵。人类的出现是自然界发展过程中的一次最伟大的飞跃。那么，人类究竟是怎样起源的？是上帝创造出来的？还是由动物进化而来的？人类对自身的起源与进化，必然是十分关心的问题。因此，早在古代就流传着各种各样的神话和传说，但归结起来主要是神创说与自然发生说。

人类起源的种创说

在古代，由于生产力水平很低，科学知识很少，人们对许多自然现象既不能理解，也无力控制，因而便产生了一种所谓"神"的概念，认为"神"是一种超人的力量。于是，人们对找不到一点线索的人类起源问题上，也就从"神"那里去找答案，产生了"神创说"。因此，不论在我国和其他国家与民族都曾长期流传着人是由神创造出来的种种说法。

在人类开始学会用木头和石块制作工具时，就出现了认为最初的人类是由超乎人类之上的神用木头或石头雕刻出来的神话。随后，当人类学会了用泥土制造陶器后，又产生了最初的人是神用泥土造成的神话。

如在我国古代就有女娲（读 wā 洼音）氏
抟（读 tuán 团音）土造人的原始神话。
说是古代有一个名叫女娲的女神，她因
为在一望无垠的大地上，找不到同伴，独
自一个人感到寂寞，就用黄泥按照自己
的形象捏成许多小人，然后用气一吹，这
些小人就活起来了，他们都管女娲叫妈
妈。女娲又叫男人和女人结成婚姻，繁殖
后代。人类就这样逐渐繁衍起来了。类似
的说法在古埃及也流传着，如在古埃及
相信第一个人是由一个名叫哈奴姆的神

古埃及的圣神哈奴姆在陶
器场里用泥塑人

在陶器场里塑造成的[①]。直到现在，在某些原始部落还保留着人是用泥
土做成的观念。

随着宗教的产生，在西方，又流传着基督教《圣经》里所讲的上帝
造人的宗教神话。《圣经》中说，上帝用了 6 天的工夫创造出天地万物。
第 6 天，在创造了一切生物之后，上帝先用泥土做成男人，名叫亚当，
用气一吹，他就活起来了，让他生活在名叫伊甸的乐园里。不久，上帝
发觉亚当在那里生活并不快活，为了解决他的苦闷，就在亚当熟睡时，
乘机从他身上取下一根肋骨，用那根肋骨创造了一个女人，名叫夏娃，
给亚当做妻子。现在的人类就是这样繁衍出来的。17 世纪爱尔兰大主
教厄谢尔还推算出第一个人是在公元前 4004 年被创造出来的，牛津大
学副校长莱特富特牧师并宣告，确切的时间是在 10 月 23 日上午 9 时。

---

① 吴汝康：《人类的起源和发展》，科学出版社，1980 年版，第 2 页。

人类起源的自然发生说

自然发生说是古代关于人类起源的另一种观点。这种学说认为人是从别的生物直接变来的。古希腊哲学家阿那克西曼德（约前610—前546）就认为人是由鱼变来的。他说：原来只有在水里披着鳞甲的动物，后来到陆地上来，适应生活条件逐渐成为陆地上的动物，最后变成人。我国战国时期的庄子（约前369—前286）则认为人是马变成的。他说："青宁生程，程生马，马生人。"至于庄子所说的"青宁"究竟是什么动物，有待考证，但有人说是竹根虫。"程"据说就是貘，也有人说是豹。

人类起源与进化的科学认识史

到近代以后，随着近代自然科学的产生和发展，人们逐渐累积了有关动物和植物种类的大量资料，因而迫切需要对它们进行科学的分类研究。正是在这种客观需要的情况下，著名的瑞典博物学家林奈（1707—1778）第一个提出了动物界和植物界的科学分类系统，对生物的鉴别、收集和分类研究作出了巨大贡献，是近代生物学奠基人之一。他根据人类和猿猴身体结构的相似性，把人类和猿猴列入灵长目一类中。林奈曾这样写道："充塞着全世界水陆两半球的万物中，再没有什么东西有像猿类那样和人类相似的了。猿的面部、手、脚、肩、胫以及大部分的内部都和我们相似；猿类的性格及其心机与滑稽的奥妙发明以及对于其他事物的适应，即适合于时代趣味的倾向，都表现它们和我们是如此相象，在人类与其模仿者的猿类之间几乎找不出任何自然方面的差别。"①在这里，林奈虽然把人和猿一起归入灵长目一类中，但却没有提出人跟猿有共同起源的看法。第一个指出人猿有共同起源的是和林奈同时代的法国生物学家布丰（1707—1788）。他根据对大量事实分析研究，认为人猿共同的起源。他说："如果人们只要注意猿的面孔，可以看到它是人类最低级的形式，除了灵魂之外，它具有人类所有的一切器官，因此，人跟猿有共同的起源。"② 但在宗教界强大的压力之下，1751 年，他在巴黎大学公开宣布放弃自己的观点。

19 世纪初，法国著名学者拉马克（1744—1829）再次提出了人跟猿有共同起源的观点。他在 1809 年出版的《动物哲学》一书中指出，高等动物起源于低等动物，人类起源于某种类人猿，不足之处是证据还不够充分。伟大的英国生物学家达尔文（1809—1882）在搜集大量有关动植物演变的科学事实的基础上，并经过长期的研究，于 1859 年出版了阐述生物进化论思想的《物种起源》一书。在该书的结尾部分，明确指出了"人类的起源和历史，也将由此得到许多启示"。接着，英国著名的生物学家赫胥黎（1825—1895）在 1863 年出版的名著《人类在自然界的位置》一书中，利用比较解剖学和胚胎学等方面的科学成果，提出了人类"是和猿类由同一祖先分支而来"的看法，这就是"人猿同视论"。1868 年德国生物学家海克尔在 1866 年出版的《自然创造史》中进一步用大量事实论证了"人猿同视论"。1871 年，达尔文在出版的《人类的由来及性的选择》一书中，根据解剖学、胚胎学、残迹器官等方面的大量证据，进一步论证了人类也是通过变异、遗传和自然选择从古猿进化来的；并推测人类可能起源于非洲。这样一来，达尔文就把人

---

① 引自：《生物学史话》，江苏科学技术出版社，1981 年版，第 84 页。
② 引自：《生物学史话》，江苏科学技术出版社，1987 年版，第 101 页。

类从上帝手里解放了出来，归还于动物界，彻底动摇了"上帝创造人"的信条，为人类起源的深入研究奠定了唯物主义的理论基础，使人类起源和进化的研究真正成为一门科学。

人猿同祖论的证据

这里所指的猿，是与人最近、外形与人相类似的猿，通常也叫类人猿。现代科学研究的成果已为人猿同祖论提供了充分的证据。

胚胎学的研究表明，人与猿的胎盘相似，怀孕的时间和性成熟的时间都较长，都有月经。人与猿的胚胎也都是从受精卵开始的，受精卵像动植物的原始单细胞生物一样，由单细胞分裂为多细胞，逐渐出现了低等动物的形态和特征。人与猿的胎儿发育到第三四周时，样子都有点像鱼，手和脚像鱼的鳍，头部两侧是整齐的鳃，非常像鱼的鳃。人与猿的胎儿都有尾巴，第五六周时尾巴最长，后来才逐渐消失，只留尾骨。人的胎儿在第5个月末，才有了人形。所以，人与猿的胚胎相似的时间最长[1]。人的胎儿除了手掌和脚掌外，都还长着很

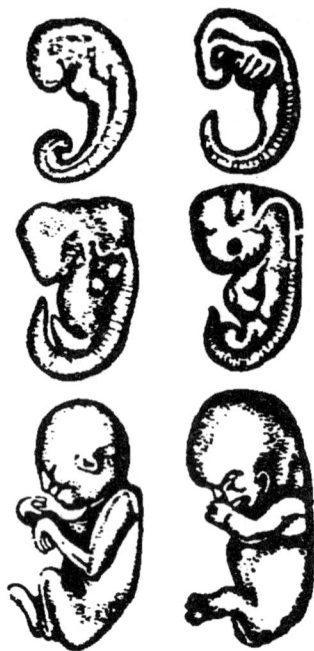

猿（左）和人（右）的三个胚胎发育阶段的比较

----

① 吴汝康：《人类的起源和发展》，科学出版社，1980年版，第17、18页

密的细毛，细毛的排列方式也很像类人猿[①]，直到分娩前不久，细毛才脱落下去。纵观人的胚胎发育过程，不仅精简的重演了脊椎动物从低级到高级的发展过程，而且也充分地表明了现代人与类人猿有着亲密的亲缘关系。人是从全身长毛的类人猿逐步进化过来的。在进化过程中，原始人由于学会穿衣御寒等原因，长毛才逐渐退化掉了。

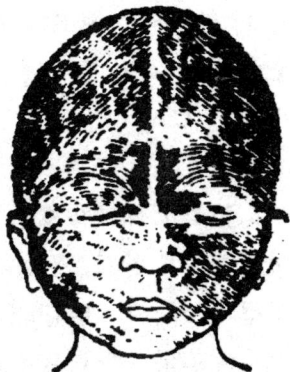

人的五、六个月胎儿的面部胎毛分布状况

比较解剖学的研究成果表明，人与类人猿的骨骼、筋肉、血管、神经系统、呼吸和消化系统等的形状和结构，基本上是相同的。如类人猿的面部和指（趾）通常是没有毛的；身体上的毛的排列方向大致也和人相类似；类人猿的鼻子、耳壳的形状、眼的位置也和人相类似；和人一样，类人猿也有 32 颗牙齿，牙齿的结构，如牙面的突起和花纹也和人的相似；类人猿的骨骼的结构大体上也和人相似，也都没有尾巴。

病理学的研究表明，在实验室里，猿能感染与人类所患的类似疾病，如结核、肺炎、脑炎、心包炎、阑尾炎、梅毒、伤寒、霍乱、细菌性及阿米巴痢疾、回归热、天花、脊髓灰质炎、麻疹、猩红热、感冒、百日咳、麻风等疾病。

分子生物学的研究成果表明，人有 A、B、O、AB 血型，这些因子在猿类的血液中也有表现。血清试验表明，人血与猿血最接近，与猴远些。人和黑猩猩间的细胞色素 C 分子相同，有 104 个氨基酸连在一起，有同样的排列顺序，卷曲成同样的三维结构；人和马的 104 个氨基酸中

---

① 吴汝康：《人类的起源和发展》，科学出版社，1980 年版，第 17、18 页

有 12 处不同。用电泳法分析猿类与人的血浆蛋白所形成的图形相近。染色体数 3 种大猿（猩猩、黑猩猩、大猩猩）比人多一对，长臂猿比人少一对。

此外，从表情、行为和智力方面来看，猿与人也较相近。与人一样，猿类也有喜怒哀乐的多种多样表情，会哭、会笑[①]。猿类也非常机敏，智力相当高。例如有人曾经做过这样的实验：把一只黑猩猩关在笼子里，外面放一根它能够拿到的木棍和一只它够不着的苹果。它首先用手去拿苹果，当它拿不到时，它能利用那根能拿到手的木棍去拨那只苹果，然后再用手去拿[②]。类人猿还能发出为同类的猿相互理解的多种声音。类人猿之间的相互关系也相当好，它们对幼仔能表现出很大的关怀，有时还会带养猿的孤儿。

黑猩猩的表情

笑（上）哭（下）

黑猩猩的智力实验

它正在用木棒拨取苹果

---

① 吴汝康：《人类的起源和发展》，科学出版社，1980 年版，和 23、30 页。

② 吴汝康：《人类的起源和发展》，科学出版社，1980 年版，和 23、30 页。

　　总之，上述证据都表明，在自然界中人类和类人猿有着最密切的亲缘关系，人和猿是由同一祖先而来的。但是，真正能为人类的由来及其进化提供实证的还是化石证据。

　　人与类人猿虽有很相似的方面，但又有很大的区别。从形态构造来看，最重要的区别就在于人的直立姿态和用两脚行走，手足分工①。由于人是直立行走，内脏器官压在骨盆上，骨盆变宽了，并变成盆状。人的脊柱跟头颅的连接方式也与类人猿不同，人的头颅接在脊柱的上方。

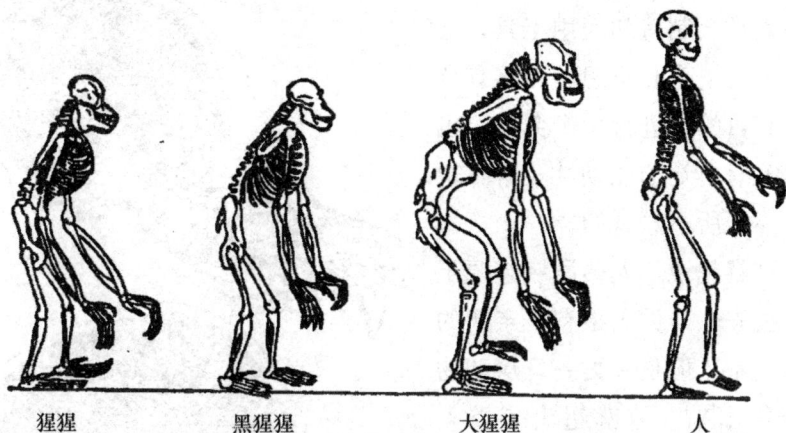

　　　猩猩　　　　　黑猩猩　　　　　大猩猩　　　　　人

人和高等猿类的骨骼

这些骨骼有很多相似的地方，但头骨和四肢的结构有重大差别

由于人是两脚行走，手足分工了，手从行走的功能中解放出来，成为劳动的器官，人的脚从而就成为专门的行走器官，也因此而变粗、变长了。人的脚跟类人猿的脚也有很大的区别：人脚的大拇趾发达，跟其他趾并排在一起，脚板平放，底面作拱形，便于载重和疾走。而类人猿的"手"和脚没有什么显著的分化，脚仍旧适宜于抓握②。

---

①　唐晓文：《劳动创造了人》，人民出版社，1972年版，第12页。
②　方少青著：《古猿怎样变成人》，中国青年出版社，1977年第3版，第23页。

此外，就人与类人猿的脑壳和脑量来看，类人猿的脑量几乎只有人脑的 1/3。猿类脑壳的额部非常低斜，面骨远大于头盖骨。[①] 由于猿类的脑不够发达，所以在智力上比人低得多。

人（右）和类人猿（左）的脚

就生活方式和活动能力来看，人类会制造和使用工具，会用火，有语言和思想，能够有意识、有目的地进行生产劳动，也就是人有自觉的能动性，所有这些是猿类所不具有的。

这就是说，人猿虽然起源于同一祖先，与类人猿有最亲切的亲缘关系，但是人类一旦从动物界分化出来，他就超出了类人猿，与类人猿又有本质的区别。正因为如此，若人们只看到人类与类人猿的亲缘关系，而看不到两者之间的本质区别，或者相反，那就既不能正确地认识人与

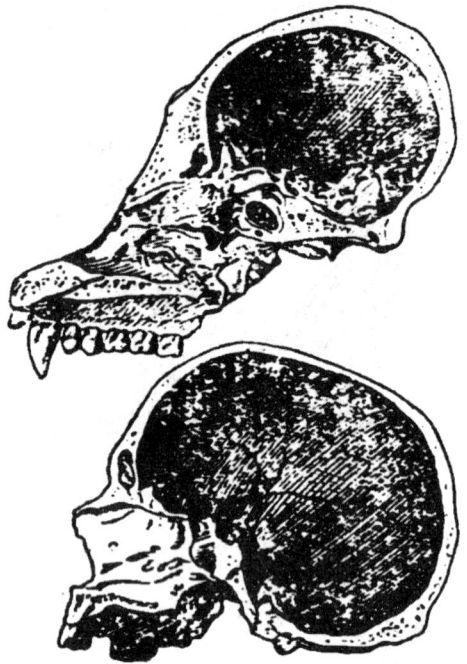

人（下）和黑猩猩（上）的脑腔比较

类人猿的亲缘关系，也不能科学地阐明人类的起源。

---

① 方少青著：《古猿怎样变成人》，中国青年出版社，1977年第3版，第24页。

人类究竟是由哪种古猿进化来的

人是从古猿进化来的，那么，究竟是哪种古猿最早踏上人类的征途的呢？

1924年，南非威特沃特斯兰德大学医学院的年轻解剖学家达特，根据南非北开普省汤恩附近的采矿工人，发现的头骨化石，既具有某些猿的性状，又具有某些人的性状，认为这是已发现的与人的系统最相近的一种绝灭的古猿，命名为南方古猿。30年代以后的10多年中，在南非和东非两大地区的许多地方又发现了更多的南方古猿化石，并根据南方古猿已具备了区别于猿科的最重要特征——已能两足直立行走，肯定它是人种的最早成员。然而，当时的大多数人类学家还是抱着否定的态度。从50年代初开始，人们才逐渐改变了对南方古猿的看法，承认它是人科的最早成员，肯定了它在人类进化系统上的位置。

现已发现的最早的南方古猿化石距今的年代接近400万年前，大体可分为两个类型：一种是纤细型，一种是粗壮型。目前，一般都认为，纤细型南方古猿中的一些进步类型已开始能制造工具，脑量不断增加，逐渐进化成早期猿人，而粗壮型南方古猿在距今100多万年前趋于灭绝。

人类的进化

人类起源以后，在地球上便出现了人类进化的历史。从现有的化石证据来看，由距今大约400万年前的南方古猿起，经历了从南方古猿到

能人，再到直立人，再到智人（早期智人和晚期智人）的进化阶段①，才演变为现代人类。

能人阶段（又叫早期猿人） 能人一般以 1960 年于肯尼亚特卡纳湖东岸发现的编号为 KNM－ER1470 号的头骨作为最早的代表。此外，在南非的斯特克方丹和斯瓦特克朗以及埃塞俄比亚的奥英地区也发现了这一类型的化石。能人生存于距今 200—150 万年前。能人是介于南方古猿和直立人之间的类型。其特征是，头骨壁薄，眉脊不明显，脑量较大，雄性的脑量为 700—800 毫升，雌性为 500—600 毫升，比南方古猿的大。见下图②。另一特征是颊齿，特别是前臼齿，比南方古猿非洲种为窄，其齿列与以后的人科成员相比，其后部牙齿仍很大，但比南方古猿为小，具有继续缩小的倾向。能人的面部较小凸出，头后骨骼接近现代人。在能人化石周围还发现不少石器，典型的石器是用砾石打制成的砍砸器，这表明他们已能制造石器工具，创造了具有确定特征和传统的石器文化（如奥杜韦文

人类起源与进化示意图

化）。同时，在能人化石周围还发现有被宰杀的动物遗骸，这表明他们已是猎人，从事狩猎，肉食已成为食物的一个组成部分，并已建造类似窝棚的简陋住所。

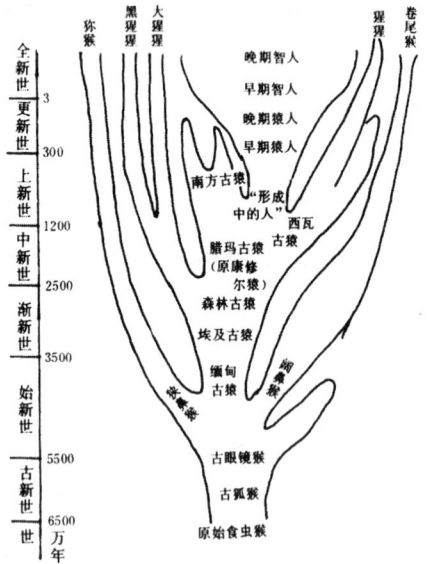

---

① 华东师大自然辩证法自然科学史研究室编：《自然发展史》，华东师范大学出版社。1981 年版，第 150 页。

② 周明镇、孙艾玲等编著：《生物史》（第三分册），科学出版社，1978 年版，第 116 页

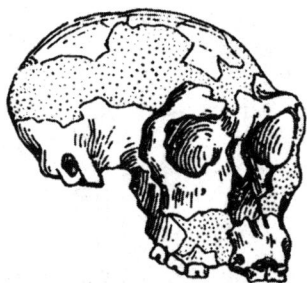

坦桑尼亚奥杜韦峡
谷发现的能人头骨

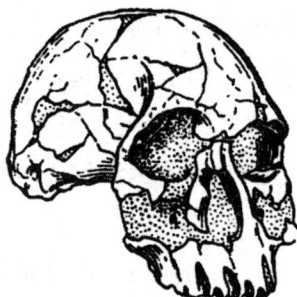

肯尼亚特卡纳湖东
岸发现的 1470 号人头骨

直立人阶段（又叫晚期猿人） 包括更新世早期后一段时期内和更新世中期的原先叫做猿人的一切类型，如爪哇猿人、北京猿人等。他们的分布已扩大到亚、非、欧三洲，生存于距今 150 万年—30 万年之间，北京猿人化石，以标本丰富，伴生动物种类众多、文化遗物数以万计著称于世，是直立人的典型代表。北京猿人头骨[①]的主要特点是，头骨的最宽处在左右耳孔稍上处，而现代人头骨的最宽处则在较高位置；北京猿人头骨的高度也比现代人矮很多。但额已向后倾斜，脑量平均为 1059 毫升，现代人平均为 1400 毫升，脑的结构比能人更加复杂。北京猿人的肢骨化石虽然发现不多，但从这些稀少材料的研究中，可以

1. 眉脊　2. 矢状脊　3. 枕外隆起
北京猿人的头骨

发现北京猿人大腿骨的主要形状与现代人相近，有股骨脊（股骨后面突

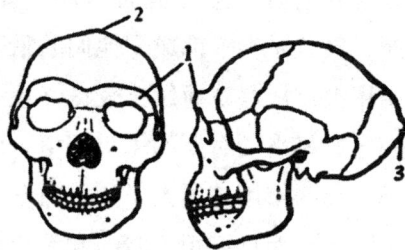

---

① 周明镇、孙艾玲等编：《生物史》（第三分册），科学出版社，1978 年，第 118 页。

出的脊）的存在①，表明已有拉直驱干的发达肌肉，以及肱骨短于股骨的结构特点等，说明他们已经能几乎像现代人那样完全用两足直立行走。

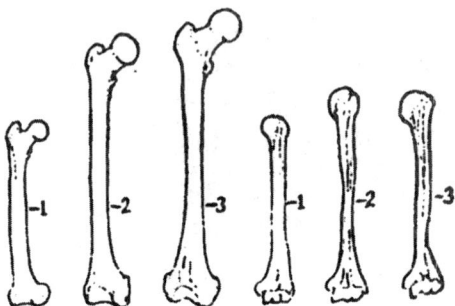

1. 黑猩猩　2. 北京猿人　3. 现代人
股骨（一）和肱骨（二）的比较

从北京猿人居住的洞里发现的数万件石制的工具看，他们已会挑选不同的石料，采取不同的打击方法，打制出不同类型和用途的石器②。显示出他们对于制作石器有了进一步的认识，积累了相当丰富的经验，能根据不同的用途和需要，有目的，有意识地制造工具了。

从遗留下来的大量动物遗骸化石看，北京猿人仍然过着采集和狩猎结合的生活，但狩猎的本领比能人高强了，中大型的哺乳动物如马、鹿、象、犀牛等都成了他们的猎获物。从用火遗迹来看，北京猿人已开始用火。从堆在通风比较良好地方的灰烬，最厚处达 6 米来看，说明他们已有相当长时期的用火历史，已掌握了用火的基本知识，能很好地管理。火的使用使得人类开始熟食。由于熟食，不仅使食物的种类和范围扩大了，而且缩短了咀嚼和消化食物的过程，大大促进了人类体质的发展。但是，他们还不能人工取火。

根据遗留下来的各方面的大量资料推论，北京猿人形成了由几十个成员以血缘为纽带组成的集体，过着社会化的生活。在这个集体里已有萌芽状态的自然分工。社会化的集体生活，就需要相互之间进行信息交

① 吴汝康：《人类的起源和发展》，科学出版社，1978 年版，第 95 页。
② 周明镇、孙艾玲等编：《生物史》（第三分册），科学出版社，1978 年版，第 120 页。

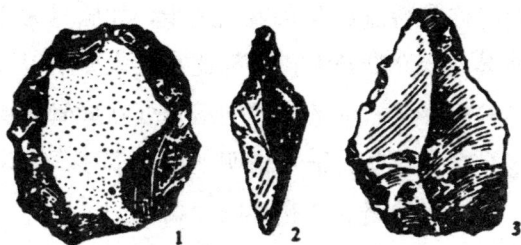

1. 砍磺器　2. 尖状器　3. 刮削器

北京猿人的石器

流，如制造工具要相互学习、交流经验，进行狩猎要协调行动等。为适应这种需要，就在早先音节分明的原始语言的基础上产生了语言。人类学家认为，北京猿人的语言中已有了词，如给某种事物以名称，给某种行为或劳动以称谓，但还没有达到组词成句以进行连贯思维，表达完整思想的水平。词的产生又能推动意识进一步提高成为连结社会的纽带，推动人脑的发展，推动直立人向智人发展。

早期智人阶段　包括更新世中期后一段时期内和更新世晚期前一段时期内的人类，过去曾称之为尼人或古人，如中国发现的大荔人、马坝人，欧洲发现的尼德特人等。他们大约生存于距今 20 万年到 40 万年左右。这一阶段的人类已具有与现代人更接近的特征。但仍带有相当多的原始性质。1998 年在我国黄土高原的陕西大荔县发现的头盖骨是世界上早期智人阶段最为完整的头盖骨①大荔人头骨壁虽厚，眉脊相当突出，甚至比北京猿人还带

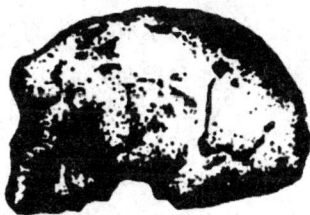

大荔人头盖骨

---

① 华东师大自然辩证法，自然科学史研究室编：《自然发展史》，华东师范大学出版社，1981 年版，第 159 页。

有原始性，但却有许多特点比北京猿人进步，如脑量为 1.120 毫升，比北京猿人平均脑量 1.059 毫升大；面部比直立人要小得多，嘴和鼻子都不像直立人那样向前突出；他的头骨的最宽处在颞骨鳞部后上方，比北京猿人的高得多。综合这些特征，说明他和北京猿人有亲缘关系，但比北京猿人进步，显示出他是北京猿人的后裔。

在大荔人遗址中，还发现了 100 多种石器，大都是一些刮削器，器型比较小巧，打击痕迹十分清楚，工艺技术水平比北京猿人有了提高，说明在物质文化方面，他们已经能制作出多种式样的标准化的石器。他们不但能用火，而且已能人工取火了，同时也出现了埋葬。

晚期智人阶段 包括更新晚期后一段期间直到现在的人类，也叫现代智人，是指解剖结构上的现代人，过去曾叫新人，如中国发现的柳江人、山顶洞人和欧洲发现的克罗马人等。这一阶段大约起始于距今 4.5 万年前，他们分布的范围已扩大到澳洲和美洲。晚期智人除具有某些原始性质外，已基本上和现代人相似。在物质文化方面，出现了更先进的石器（即新石器），骨器有了突出的发展，农业、畜牧业、纺织业和制陶业也是在这个时期出现和发展起来的。在精神文化方面，出现了雕刻、绘画艺术和丰富的装饰品。在这一阶段，现代人种（即黄种、白种、黑种和棕种等）开始分化和形成。

人类起源和进化的上述看法，是人们依据已发现的数量不多的早期人种化石而提出来的。人类起源的时间和地点，究竟在何时、何地，是迄今尚未解决的科学问题之一。

今后，随着在世界各地更多的人类化石的发现，各种测定化石年代方法的改进和完善，分子人类学的进展以及各种新技术的应用，必将对人类起源的研究产生更大的影响和作用。特别值得指出的是，由于我国是人类发展的重要地区，已发现多种古猿化石和许多人类化石，特别是直立人及其以后的人类化石，现代人起源的多地区起源说的化石证据，也主要来自中国。因此，可以预期，今后我国一定会发现更多的各种人类化石，并随着各种化石年代测定方法的改进和完善，以及分子人类学的研究和各种新技术的应用，今后我国必将在人类起源的研究中发挥更大的作用。

外星人之谜

伦敦大火！无数高大的奇形怪状的战车从天而降，英国的警察和军队被这些战车的火力打得溃不成军，战车喷出火来，消灭所遇到的一切……人们逃离伦敦，战车在大步追赶……这是许多年前英国著名学者、作家威尔斯（J. Willes）在他的著名科学幻想小说《星球大战》中所描述的外星人（火星人）侵入地球的情景。自从玛丽·雪莱（英国诗人雪莱之妻）写出人类历史上第一部科学幻想小说《弗兰肯斯坦》之后，外星人就一直是科学幻想小说经久不衰的话题。十分令人震惊的是，1938年10月30日，由威尔斯的小说《星球大战》改编的一出广播剧在美国的一座城市播出时，该城的许多居民信以为真，以为真有火星人入侵，一时恐惧万分，纷纷由家中奔出，夺路逃窜，结果，成千上万人的奔逃引起了一场社会动乱。无独有偶，1988年10月30日，西班牙一广播电台为纪念该剧播出50周年，将该剧改编后重播，西班牙听众也深信有火星人来袭，纷纷出逃。一出剧引出的公众出逃事件两度发生，说明了公众对外星人的关心程度达到了何等的地步！

摆脱孤独的努力

白天，天空一派碧蓝，太阳静静地划过天宇；夜晚，星星点起万家灯火，它们好像不时地走来走去而又恒定如一。面对这千古不变的图景，人们一再提出问题："我是谁？""我从哪里来？要到哪里去？""我的朋友在什么地方？到哪儿去寻找我的兄弟？"没有回答。随着时间的推移，人类愈益感到地球是一个孤独的星球，人类是一个孤独的种族！人是社会的动物，本能地害怕孤独，于是，寻找外星兄弟借以摆脱孤独的努力，很早就开始了。

在古代，人们无法离开大地去探索天空，于是一方面，密切注视着天空中发生的一切，许多民族中都认为它们与人世大有关系，发展出"天象观测"这一门科学，为我们留下了丰富的天象记录；另一方面，人们又张开幻想的翅膀，用自己的想象遨游太空，于是，月宫中的嫦娥，伐桂的吴刚，……天上宫阙和神仙就出现了。外国的情况也大致是这样。除神话之外，可能是西方的基督教神学家最先正式考虑地球之外是否有人的问题，按基督教神学的信条，上帝创造人的活动是一次性的，因而只在地球上有作为万物之灵的人类；如果在地外的某处存在着外星人，那么他们就同样需要一个救世主，这和基督的唯一性是不合的，因而也就是不可能的。所以，中世纪的许多学者都认为地外是没有人或类人的智慧生物的。但是，从神学的论据出发也不难得出相反的结论：上帝是万能的，因而上帝的创造是不受限制的，他老人家既然在此时此地创造了一个地球以及地球上的人类，为什么就不能在彼时彼地创造另一个可住人的行星以及它上面住着的另一种人类呢？认为上帝只能创造一个地球一种人类的思想岂不是对他老人家创造力的怀疑吗？很可

能他已经创造了若干这样的文明等待我们去发现、去联系呢。所以，在西方中世纪，认为地球外面存在外星人的想法也是存在着的，例如，15世纪的一位德国僧侣库萨的尼古拉（Niocolas of Kusa）就认为：恒星是别的太阳，它们可能有无数个，而每一个恒星附近都可能有居住着另一种人的世界。

近代科学革命对上帝进行了否定。哥白尼的天文学革命把地球由"宇宙的中心"下降为"一个普通的行星"；布鲁诺进而引入了"众多世界"的观念：宇宙中存在着无数个太阳，每一个都有自己的行星，其中也不乏智能生命。开普勒认为其他行星（如火星、金星等）上就可能存在活的生物，康德提出了太阳系起源的"星云假说"，把星系的演化纳入科学，他进而认为行星上都有"人"居住。

若问这些认识有什么科学上的依据吗，似乎都没有，人们提出的有关论据也同样可以导致相反的结论。那么，为什么人们那样热切地仰望苍穹，希望那儿真的存在另一种或多种人类呢？恐怕归根到底还是那种摆脱孤独的对同类生物的向往。

科学家可不是想想则已的人，他们一般是力图把自己的向往付诸行动，或至少是付诸一种可执行的行动的方案。而随着科学技术的发展，人们不满足于等待外星人的信息，而且还要向他们发出我们自己的信息，期待着这种双向寻找。下面是两个著名的"发布"人类信息的方案：

1. 1820 年著名数学家高斯（C. F. Gauss）提出：将俄国西伯利亚森林区切成一个如上图所示的巨大的图案，其中心区为一直角三角形，用以种植小麦，紧邻它的三角形的三个边上是三个以三边之长为边长的正方形区域，在其中栽上枞树，这样，外星人用望远镜看时，就会了解到

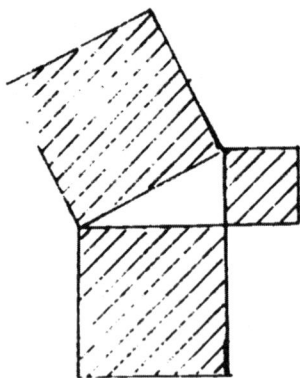

我们的星球上生存着一个理解了勾股定理的智慧的生物种族，而能够观察到我们的外星人一定也了解了勾股定理。

2.1840 年物理学家利特洛（J. Littrow）提出：在撒哈拉大沙漠中挖出一个半径为 20 英里（约 32.18 公里）的圆形管沟，沟里倒满煤油并使之燃烧，他认为外星人能够发现这个非自然的几何图形。

这两个方案都未能实施，却表现出人类探索外星人的迫切心情。

太阳系：地外的荒原

对外星人的探索首先指向离人类较近的天体。

第一个目标就是月球，它是离我们最近的天体——月地距离不足 40 万公里，近于地球赤道周长的 10 倍。人们只是在早期的幻想里才认为月球上有"人"居住，近代科学的发展，使人们早就认识到，月球是一个没有水也没有大气的荒凉的地方，白天，在阳光直射的地方温度可达 127℃，夜晚，温度又可降到 -183℃。从地球人的角度看，是不可能有生命存在的。1969 年，人类登上了月球，实际考察及反复实验，证实了月球上无任何生命存在，更不用提有智慧的高级生命了。

第二个目标是太阳系内的行星。太阳系九大行星的基本状况如表所示

行 星	质 量 （地球＝1）	赤道半径 （R 地＝1）	体 积 （V 地＝1）	平均密度
水星	0.0554	0.383	0.056	5.46
金星	0.815	0.949	0.856	5.26
地球	1	1	1	5.52
火星	0.1075	0.532	0.150	3.96

木星	317.94	11.20	1316	1.33
土星	95.18	9.41	754	0.70
天王星	14.63	4.06	65.2	1.24
海王星	17.22	3.88	57.1	1.66
冥王星	0.0024	0.212	0.009	1.5

从基本物理条件看，按地球人形成的过程来说，只有水、金、火等三个所谓类地行星有可能有生命存在。人们的第二轮探索地外生命尤其是外星人的目标自然首先指向它们。

水星是太阳系中较小的大行星，人们通过观测早已认为它的表面情况应与月面相似，而且它又是最靠近太阳的行星，无大气的状况将使它昼夜温差极大：白天日光直射处温度可达 400℃，而夜晚又将冷到－200℃。水星上没有水。这种条件与地球比较起来，是不可能有生命存在的。

金星是物理参数与地球最接近的行星（见前表），因此人们曾倾向于认为金星上应有生命或者高级生命形式——"人"——存在。在 1761 年俄国科学家罗蒙诺索夫发现了金星有大气圈之后，更使这一想法受到了鼓舞。但深入的研究逐渐使人们失望：金星的大气非常稠密，可达地球大气压的 90 倍；大气中二氧化碳的含量在 98％以上，低层可达 99％，此外有少量的氮、氩、水蒸汽等，在金星大气的离星面 30—40 公里处，密布着厚达 25 公里的主要由浓硫酸雾组成的浓云。金星大气中浓重的二氧化碳引起极强的温室效应，使金星表面温度高达 465—486℃，而且基本上没有地区、季节、昼夜的区别，极高的温度使金星上不存在液态水。以上这些严酷的自然条件使人们在金星上寻找外星人或者任何生命的希望化为泡影。

火星是许多年代看来最佳的外星人至少是地外生命的故乡。威尔斯关于火星人的小说似乎并非空穴来风。19 世纪，人们对火星人的热情

一再升温，1877年，有人报道观测到火星上的"运河"，又有人画出详细的火星运河图，指出在运河交叉处存在着明显的斑点。于是人们开始设想这些运河是火星人为了利用两极的冰雪灌溉农田和航运而开凿的，斑点即城市。稍后人们又发现了火星上许多大面积的区域（称为"海"）的颜色随季节而变化，于是，那是植物随季节的枯荣的解释不胫而走。至20世纪60年代还有天文学家认为火星上存在"火星人"，甚至认为火星的两颗卫星也是人造卫星！人类寻找同伴的希望似乎就要实现了。但随后的研究又使这一希望落空了：1976年7月和9月，美国发射的"海盗"1号、2号探测器在火星实现软着陆，进行了多方面的探测活动，特别是进行了生物探测实验，结果未发现任何形式的生命，更不用说智能生命了！

当人们把目光指向类木行星时，它们的气体状态更不可能允许类地生命的存在，由于远离太阳所造成的低温更使这种不可能具有了肯定的性质。这种情况下，外星人的课题一般说与它们无关了。近年来关于某些大行星的卫星上可能存在生命的讨论多起来，但显然这种生命（如果有的话）也是低级的生命。

结论：太阳系内不存在地外文明和外星人。

外太空：毫无踪迹

在探索太阳系中有无"外星人"的同时，人类的探索也指向了外太空——即太阳系之外的广阔星空。

对外太空的"外星人"的探索与太阳系内的寻找并无两样，也是送出去和收进来。但由于远距离宇宙航行对人类尚属难事，所以实际上，人类真正到过的地外天体迄今还只有一个——月球，它是地球的卫星。

此外，如前述，人类还计划进行火星航行。如此而已。所以探索外太空主要的或者唯一的方式就是通讯方式。

现在人类所能实现的通讯技术，最成熟和方便的就是无线电通讯。怎样收受外太空的信息并向外太空发出人类自己的信息呢？

首先，就是通讯频率的选择问题。科学家指出了两个可用于与"地外文明"（如果有的话）通讯的频率范围。

1. "水洞"。人们认为，从 1.4 至 1.7 千兆赫是检测地外文明讯号的最有前途的频域。这个频域位于 H 和 OH 的射电发射的自然频率之间，因为 H 和 OH 都是水分子的组成部分，所以一些地外文明（外星人）的探索者戏称这一频域为"水洞"。由于水在地球生命中起着重要的作用，而且这一频率区域内相对来说自然射电比较宁静，从而在该频域内的人工信号便于检测和认证。

2. "微波窗"。即宇宙微波射电噪声较小的频域，这一窗口在 1 千兆赫到 100 千兆赫中，无线电的 FM（调频）波段、电视和雷达的频率都在这个窗口内，上述"水洞"也在其中。

人们通常这样认为：掌握了无线电技术的外星人也必然会了解上述两个主要频率范围的星际通讯优点。所以他们与他们的"外星人"联系也必然得出与我们一样的结论。如果他们也像我们一样，期待着与自己的"外星人"见面的话，也一定会在上两个窗口中接收讯号和发出讯号。于是我们为寻找他们（我们的"外星人"），就可以而且应该一方面在这些频率区域内监听以求收到他们发出的讯号，另一方面则以其中某一或某些频率向外太空发射讯号，以求被他们收到。

地球上已建立了好几个监听站进行地外文明探索活动，德国、美国、俄国的一些射电望远镜参与了监听工作。是波多黎各阿雷西博天文台利用大型望远镜对蛇夫座 α 星的监听记录。美国还发起过大规模地逐天区监听计划，有的监听小组已连续工作了 10 余年。但所有的搜寻监听工作都未获正面结果：人们未发现一点儿人工信号的痕迹。

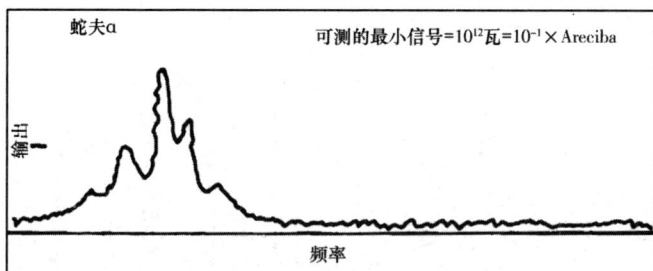

阿雷西博（Arecibo）望远镜对蛇夫座 α 的收听记录

　　人们倾向于认为，这是所有的搜索监听工作所用频道过窄所致。但如何处理大量频道同时监听所得到的信息一直是一个难题。直到最近，在这一问题上开始有所突破，人们建立了以计算机为主体的"地外文明探索"系统，可同时处理 8 万个频道接受的信息，现已在美国哈佛大学投入使用。而且，在美国宇航局支持下，在 ARC（艾姆斯研究中心）几年前就开始执行一项外星人探索计划，计划作巡天搜寻的同时作某些定点调查，这一计划利用了上述系统，一共可覆盖 250 兆的频道。不过迄今也无正面结果。

　　人们在进行大量收进来工作的同时，也不断向外太空发出信号，希望有"谁"能收到它们。如 1974 年 11 月，由波多黎各阿雷西博天文台的大射电望远镜向球状星团 M13 发出一组微波讯号，内容包括地球科学的一些简单内容。随后，美国人又向昴星团方向发出一组强激光信号，利用了极大的电能，使得在发信号的 3 秒钟中，从逆着光线的方向看去，地球成为宇宙中最亮的星。

　　发出去的讯号比收听的还杳无音讯：因为必须有"人"收到它们并明白了其意义，并且有意回音才行，因此，对它们迄今也没有正面的结果。

　　如前述，人类曾不断地向太阳系内的各行星发射探测器，能否向外

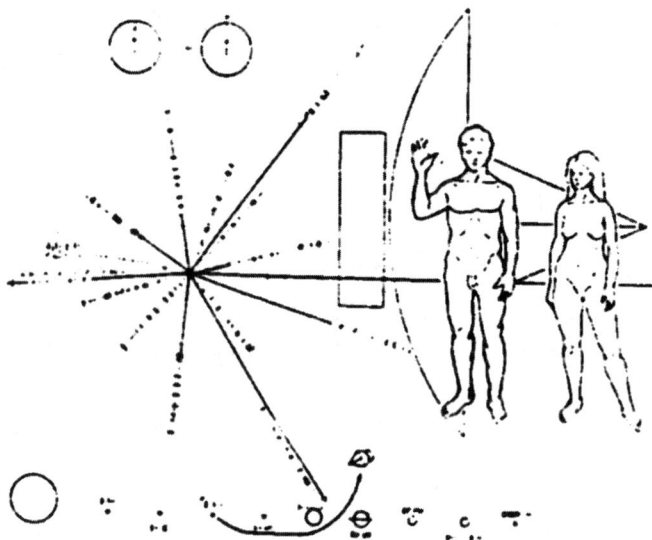

"先驱者" 10 号和 11 号探测器上携带的标志牌

图中裸体男女为地球人，男人右手举起表示向太空人致意；他们背后为"先驱者"号探测器外形；下方 10 个圆圈表示太阳系，左边最大的为太阳，左起第 4 个为地球，从它发出的一条曲线表示"先驱者"号探测器飞行轨迹；左边部分表示地球人认识的物理学和天文学；最上面两个圆圈表示地球上第 1 号元素氢分子结构。

太空派出探测器呢？当然是可行的，可以向外太空的某个方向发射探测器，使之飞出太阳系，过若干年后，可能到达别的地方，也许有"人"会发现并拦截它们，就可以与我们建立联系：为此目的，美国发射了四个探测器，它们是"先驱者" 10 号和 11 号（分别发射于 1972 年 3 月和 1973 年 4 月）和"旅行者" 2 号和 1 号（分别发射于 1977 年 8 月和 9 月）。前两个探测器各携带一块镀金铝质标志牌，作为人类送给外星人的"名片"，它们已于 1983 年先后飞出海王星轨道。后两个探测器各带

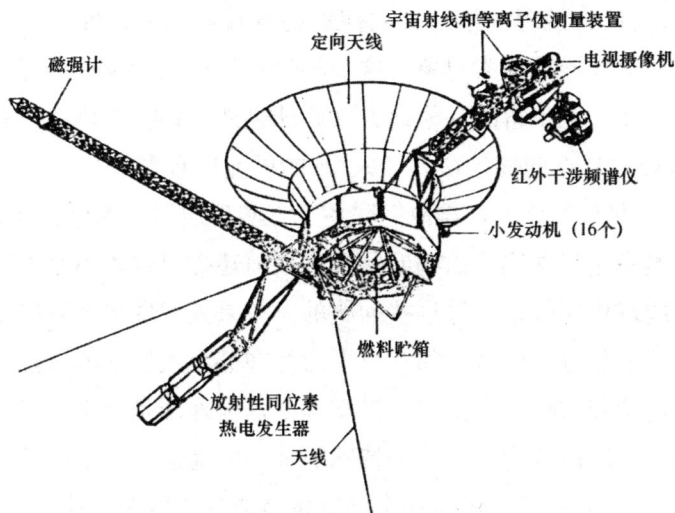

宇宙射线和等离子体测量装置
定向天线
电视摄像机
磁强计
红外干涉频谱仪
小发动机（16个）
放射性同位素
热电发生器
天线
燃料贮箱

"旅行者"号探测器

有一张镀金铜声像片和一枚金刚石唱针，它们即使历时 10 亿年仍能播出声像，其中包括 116 幅画面，有中国人午餐的场面和长城的雄姿；还包括用 55 种不同语言说的问候用语和地球上多种不同的声响以及 27 首著称于世的乐曲，其中有中国古典乐曲"流水"。此外，还提供了如何使用这套声像片的指南。上图是"旅行者"号探测器。它们也于 1990年前后离开太阳系。一旦外太空的"人"截获了探测器，并获得了这些信息，就将对地球文明有所了解并可能努力与我们联系。但是，天外真的有"人"吗？

理论思索

人是"理性的动物"，喜欢对自己所遇到的事情作理论探讨。1959年，英国科学家考科尼和莫里森在《自然》周刊上发表论文"探索星际交往"，这被认为是现代地外文明探索的开端，从此，外星人（地外文明）成为科学领域的探索对象。这一科学首先遇到的是这样三个问题：

1. "生命"在宇宙的其他地方（地球之外）存在的可能性有多大？

2. 地球之外有智能生命（"人"）的可能性有多大？

3. 如果存在外星人，与他们联系上（实现通讯）的可能性有多大？

人们通常是怎样回答这些问题呢？由前述探寻过程不难发现，人们一般是与地球作比较来回答这些问题的。如果人们发现地外的某一地方与地球的情况相近，就认定那儿有生命存在甚至人存在的可能。这种想法实际上包含着这样一个前提：没有理由认为地球是宇宙中唯一的生命乐园；也没有理由认为人类处于特殊的唯一的地位——唯一的最高级的生命形式。在 20 世纪，由这一个前提发展成这样两个理论原理：

1. 宇宙学原理

这个原理是说："在宇宙学尺度（如 150 亿光年距离，150 亿年时间）上，任何时刻，三维空间是各向同性和均匀的。"其意思指，在宇宙学尺度上，空间任一点和任一点的任一方向，在物理方面是不可分辨的，即无论其密度、压强、曲率、位移都是完全相同的，宇宙中各处的观测者，观测到的物理量和物理规律是完全相同的，没有任何一个观测者是特殊的，这就意味着太阳系和地球在宇宙以至于银河系中都没有特殊的地位（下图示出太阳在银河系中的位置）。这就是说，太阳系和地球上所观测到的现象在宇宙甚至银河系的其他地方也可能甚至应该观测到。这样，一个自然的推论就是：地球之外可能甚至应该有智能生命！不过宇宙学原理本身还只是一个"约定"——研究宇宙学比较方便的假定，即使有若干观测依据。

2. 平庸原理

平庸原理是人们在宇宙学原理的基础上得出的一个统计性的假设，所以有时也称为平庸假设，它的意思是："在大量同类天体构成的总体中，如果可望或业已查明其具体特征的天体样本仅有一个，则认为该总体中的其余天体也都具有与之相同的特征；若可望或业已查明其具体特征的天体样本有若干个，则该总体的其余天体都具有这少数样本的平均特征。"这一假设的出发点在于地球上的原子和遥远天体上的原子本质上是相同的，它们有着同样类型的相互作用，而且由同样的自然规律支配着它们的运动。这就是说，我们的地球在宇宙中是"平庸的"没有特殊的地位，我们可以以地球为样本来考虑宇宙中外星人的存在问题，前面我们一再与地球上的条件相比较来判定行星上有无生命存在的可能就源于此。

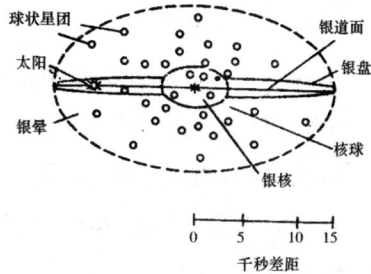

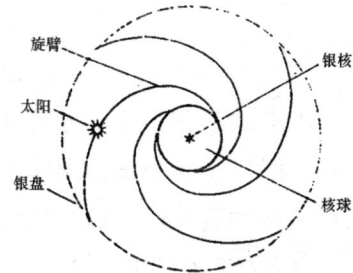

银河系结构示意图（上）侧视（下）俯视

根据这一原理，立即可以得出，宇宙中应有许多像太阳系那样的行星系，其中应有许多像地球那样的行星，在其中一些"类地"行星上，应能产生生命直至高级生命——"人"。

能对外太空产生生命进而外星人的可能作一点定量的分析吗？答案是肯定的，那就是德雷克公式。

3. 德雷克公式

1961 年 11 月，在美国国立射电天文台举行的关于地外文明的研讨会上，德雷克提出了一个公式，可用它求出例如银河系中现时可检测的（即现时既有兴趣又有能力进行星际通讯的）先进文明的数目（有兴趣是指他们也积极探求外星文明，有能力则是指他们也进入了无线电技术时代）。公式为

$$N = RABCDEL$$

其中 N 是银河系中可检测到的先进文明的数目，R 是银河系在其"一生"中平均每年形成（新诞生）的恒星数目；A 是拥有行星系（像太阳系）的恒星在全部恒星中所占有的比率；B 是平均来说在每个行星系中所有的行星数；C 是平均来说诞生了生命的行星占所有行星的比率；D 是在其所属的恒星的生存期内能演化出生命的行星在诞生了生命的行星中所占的比率；E 是在其所属恒星的生存期内出现能进行星际通讯的先进文明的行星在演化出智能生命的行星中所占的比率；L 是这种先进文明的寿命，即它能延续的时间。所有这些量的确切数值现在都是不知道的，但按平庸原理，以太阳系和地球为唯一的"样本"（据报载，人类似乎已发现了一两个外太空行星系，但还有待于最后确证），以现代天文学和生物学所确认的事实为依据，可以大致估算出这些量的数值。

银河系中有一二千亿颗恒星，其演化时间为 10^{10} 年，所以就"数量级"（位数）上看，每年产生的恒星平均为 10，即 $R = 10$。

A 是一个不好估计的比率，鉴于我们尚未确切发现太阳系外的行星系，可认为很稀少，设为 1‰，即 $A = 10^{-2}$。

B 只好用太阳系这唯一的样本，取 $B = 10$。

按平庸原理，以唯一的样本推导，显然有：

$C=10^{-1}$；$D=1$；$E=1$。

因而得出

$$RABCDE=10\times10^{-2}\times10\times10^{-1}\times1\times1=\frac{1}{10}$$

即银河系中每 10 年产生一个先进的文明星球。按此，有

$$N=L/10$$

L 则是一个纯想象中的量了：一个先进文明能存在多少年？这个问题连一个样本也没有了——我们无法确知地球文明能存在多少年，但能进行星际通讯的高技术状态至今仅存在了 100 年，或甚至只有 50 年！按德雷克的推想，最长寿的先进文明可能存在 10^7（一千万）年，即设 $L\approx10^7$，于是

$$N=10^6$$

即银河系中有 100 万个先进文明，平均来说，每 10 万颗恒星中就有一个我们可以检测到的文明。离我们最近的先进文明离我们的距离大约为 10 光年（离我们最近的恒星距我们 4.2 光年）。

几个矛盾

1943 年，在美国研制原子弹的"曼哈顿工程"紧张实施的时刻，在诺斯阿拉莫斯参与该工程的部分科学家的一次聚会上，著名物理学家费米（E. Fermi）突发奇问：

"他们在哪儿?"

"谁?"他的交谈者大吃一惊。

"噢，外星人。"费米说。

导致费米发问的推理是这样的：人类文明的发展不足万年，就开始

进入了掌握核能、发射火箭的时代。银河系的年龄约 100—150 亿年，有一二千亿颗恒星，太阳的年龄才 50 亿年。如果按"平庸原理"宇宙中广泛存在发达文明的话（前面的"理论思索"即为这一思路的现代版），那么早就应该有发达的文明在银河系中产生了。这种文明在几万年间将发展出星际航行技术（设想我们 1 万年后的技术！），如果它持续进行宇宙航行的话（像我们地球人一样关注苍天，探求"兄弟"），那么在 3 亿年内他们就可以扩张到整个银河系（设想一下我们 3 亿年后会发展到何种程度），如果一个文明在其行星形成之后 50 亿年形成了"文明"（如地球）并开始向外探索，那么在其行星形成 53 亿年的时候，这种文明的主"人"就会出现到整个银河系中。这样，我们理应观测到许多来自老于 53 亿年的行星系统（按前面的计算，应有很多）发来的探测器或是文明的使者。但我们没有观测到，这就意味着在 150 亿年的银河系史中，没有产生过这样的文明，这与我们的地球史矛盾。矛盾就在于：按理论思索，我们理应看到一个充满了智能生命的宇宙，但却没有观测证据。我们仍然孤单地在宇宙中运行，自然会发出"他们在哪儿?"的疑问。

换一个角度看。

我们尚未观测到地外文明，那么外星人是否观察到我们，是否已经来过地球呢? 这也是人们一再关心的问题，它的回答也就同时回答了前述那三个问题。

有人认为外星人访问过地球，其证据是各种神话传说——许多民族文化中都有关于超人——神——的传说，这些神就是外星来的宇航员；一些巨大的古代建筑，如埃及的金字塔、复活节岛上的石像等等，其规模巨大，即使现代完成也非易事，古人怕是不可能的，因而它们一定是外星来的宇航员做的或至少是他们协助建筑的。

一个更经常被作为外星人来过甚至正在地球上的理由是关于不明飞

行物（UFO）即所谓"飞碟"事件的报道。说这些飞碟就是外星人的宇宙飞船。其他一些现在没有弄清的事情，如中国出土的二千余年前的"越王剑"表现出青铜渗铬技术，现在认为是 20 世纪技术，古人怎么会用？等等，也常被作为外星人早来过地球的证据——这一技术是外星人的！

其实，这种论证方法在逻辑上是有矛盾的。如果上述事项的缘由都在于到达了地球的外星人，那么，设定这一缘由，即作出上述那些论证的出发点就是：1. 地外存在生命；2. 地外存在智能生命；3. 地外智能生命已掌握与我们联系的先进的技术并与我们作了某种"联系"。而这三点，不正是我们要通过"外星人到过地球"这一点来论证的吗？要证明的结论成了证明的前提——这是一个典型的循环论证的矛盾。产生这个矛盾的原因是：把地球上的若干事件的原因推给外星人，应该是外星人存在的逻辑推论而不是它的论据。

至于所说的那些情况，都应该而且可能在地球上寻找原因，即使一时弄不清楚也不能推给地外的原因——那其实就加上了许多额外的假设，在科学方法上是不可取的（不符合"简单性原则"）；同时外星人因素又是不可检验的，其实人们并不能判定某事是否为外星人所为。就前举具体事件来说，传说不能作为信史，在一般文化研究中已有此要求，更不用说自然科学了；古建筑和古剑可以在地球上得到解释；UFO 事件的大多数也有具体的科学解释，其余的可以继续探索。

关于把"飞碟"作为外星人的宇宙飞船一事还引起另一个矛盾。按地球人的动机，要寻找地外文明（外星人），是为了与之联系。如果UFO 真是外星人的使者，为什么从来不主动与人类联系呢？为什么偏常出没于人迹罕见的荒漠、海洋，而不到人口众多的城市正式与人类见面呢？如果说，他们不想与人类见面，那又所为何来呢？这是人类所无法理解的也是按人类自身设想的（按平庸原理）外星人所不能采取的行为。

从科学的角度看，至今人类尚未发现地外文明光临地球的任何证据。人类仍然像费米一样提出问题："他们在哪儿?"

恐龙灭绝之谜

1824年，一个夏季的正午，英国牛津郡的一个页岩采石场上，工人们正在掀起一大片石板，他们把它从岩层上撬下来，翻个个儿放好。午休的钟声响了，一位工人在新剥开的岩面上走过，突然什么东西绊了他一下，他低头一看，岩面上突出一个稍带红褐色的尖尖的东西。他奇怪地蹲下身来，周围的工友们也围了过来，他们费了不少力气，把这个东西从岩层里拔了出来，大家传看了一阵：似乎像一个大的尖牙，然而作为牙，又太大了——有3厘米直径、9厘米长！这是个什么东西？很快，这个东西送到有名的古生物学家、牛津大学教授巴克兰（W. Backland）的实验桌上。

巴克兰首先断定这是一只动物牙齿的化石，然后把它和已知的各种动物牙齿作了比较。就其大小来说，似乎在象牙和虎牙之间，但象作为一种食草的哺乳动物，它的牙是为撕下并且磨碎植物纤维用的，不是这样尖锐；虎则是食肉的哺乳动物，它捕捉各种动物，因而它的大牙（犬齿）有叼住动物的功能，这枚牙齿似不具有这一特点，它适合咬断、切开肉类却不能叼住动物。就其形态，很像爬行动物的牙，但爬行动物有那么大的吗？巴克兰比较了当时生存于南太平洋岛屿上的巨大蜥

蜴，按比例这个牙的"主人"应为9米长！一个多大的庞然大物呀！他把这种动物称为"巨龙"，意为巨大的爬行动物。这可以说是人类关于这种早已灭绝了的爬行动物的第一个信息。

无独有偶，1822年，英国的一位乡村医生曼德尔，他是个业余化石爱好者，有一次带着太太下乡出诊，他的太太在路边石缝中发现了一颗化石，曼德尔认为它很奇特，便包好交给法国著名古生物学家居维叶（G. B. Cuvier），后者漫不经心地说，这是某一种哺乳动物的牙齿。曼德尔平时对哺乳动物的牙齿化石有一定的研究，他不满足于居维叶的鉴定，决心独自弄清楚这一化石，三年后，即在1825年，曼德尔也鉴定出这一化石属于一种早已灭绝了的古代爬行动物，他称之为禽龙。巴克兰和曼德尔的成果发表后，世界上出现了寻找古代动物化石的热潮。功夫不负有心人，一时间，在欧洲、亚洲、北美等地，人们相继发现了许多奇异的爬行动物化石，它们大多相当巨大，面对这许多巨大的爬行类怪兽，英国另一位古生物学家、不列颠博物院博物学馆主任欧文（R. Owen）根据它们一般形体较大，设想其模样一定是可怕的，因而称之为"令人恐怖的蜥蜴"，其拉丁文学名为Dinosaur，现代西方文字中基本都用这个词，汉语译为"恐龙"。

关于恐龙我们知道些什么

从1824年起，人们发现了越来越多的恐龙化石，至今已知的恐龙已有1000余种，但都是"化石"动物。化石是什么？动物死后，如果迅速地被泥沙埋没，日久皮肉逐渐腐烂分解，剩下骨头，在一定的条件下，骨中的有机质成分逐渐被地下水中的矿物质所取代，就成为石样物，称为化石。有时，在极特殊的条件下，整个动物的遗体都可成为化石。此外，动物遗物（如粪便、咬过的树叶等）、遗迹（如脚印等）等

也能成为化石。有时，有的带甲壳的动物，甲壳等物被地下水溶解，随水消失，但在岩石中留下一个空洞，空洞好比一个模子，后来被其他物质充填，成为化石，称为"模铸化石"，前述脚印形成的也是模铸化石。古代生物形成化石的机会极少，例如在氧化条件下（暴露在空气中）、骨骼会分解，至多有万分之一的机会形成化石。化石在古生物学中有重大的意义，不仅显示了某类生物的存在，而且从化石所处的地层可以推断古生物生活的年代（当然也可用同位素分析法直接由化石测定）。

一般地，把地球的地质年代分为五个"代"：太古代、元古代、古生代、中生代、新生代，把有生命出现的元古代后期开始的四个"代"再细分为12个"纪"，"纪"和"代"之分以标志生物为准，基本情况如下图所示。

代	纪	距今年代	生 物 的 进 化		
新生代	第四纪	1	人类出现并发展		人类时代
		2—3			
	第三纪	65	被子植物繁盛	哺乳动物繁盛	被子植物和哺乳动物时代
中生代	白垩纪	135	被子植物出现	哺乳类兴起	裸子植物和爬行动物时代
	侏罗纪	180			恐龙称霸地球的时代
	三叠纪	225	裸子植物繁盛（苏铁、银杏、松柏等）	爬行类繁盛鸟类出现原始哺乳动物出现，爬行类兴起	

续上表

代	纪	距今年代	生 物 的 进 化		
古 生 代	二叠纪	270	蕨类、鳞木、芦木繁盛	出现原始爬行类两栖类繁盛	蕨类和两栖动物时代
	石炭纪	350			
	泥盆纪	400		出现原始两栖类	裸蕨和鱼类时代
	志留纪	440	最早陆上植物出现（裸蕨等）	出现原始鱼类	
	奥陶纪	500		出现最早的脊椎动物——无颌类	真核藻类和无脊椎动物时代
	寒武纪	600		三叶虫繁盛	
元古代	震旦纪	1800	藻类繁盛出现真核细胞藻类		细菌和蓝藻时代
太古代		4600			地壳开始形成

地质年代（单位：百万年）

现在人们所知的最早的恐龙出现于2亿2千万年前的三叠纪地层

中，最晚的恐龙生活在 6500 万年前的白垩纪末期。恐龙在地球上生存了 1 亿 6 千万年之久。

从 19 世纪起，人们就认识到恐龙是爬行纲的动物，但恐龙与爬行纲的其他动物有较大的区别，它有一大特点，即恐龙的双腿是在躯干下直立的，而其他爬行动物的两腿是向躯干两侧分开而腹部贴地爬行，见图（左图为恐龙，右图为其他爬行动物）。

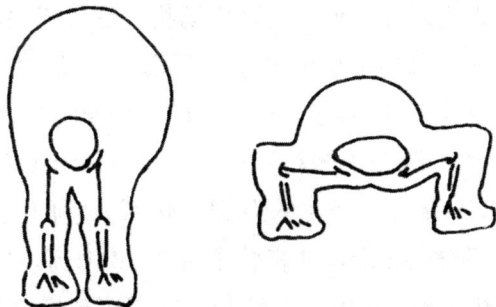

恐龙本身亦可分为两大类，即生物学上的两个目，一类是蜥臀类（又称蜥龙类），一类是鸟臀目（又称鸟龙类）。它们的主要分类标志是骨盆的结构，鸟龙类的耻骨与坐骨平行，蜥龙类的耻骨和坐骨成一个角度。这两类恐龙的亲缘相当远，起码比现代的蜥蜴和蛇的亲缘关系要远，因而，与其说恐龙分为这两类动物，不如说恐龙是这两类动物的统称更恰当些。蜥龙类又可分为蜥脚类和兽脚类，前者素食，后者肉食；鸟龙类全是素食，可分为鸟脚类、剑龙类、甲龙类和角龙类四种。恐龙以假鳄类动物为远祖，最初都是两足行走的。后来许多素食恐龙又回复到四足行走。

各种恐龙不是平行发展的，它们有一个前后相继的历史发展过程，但是在距今 2 亿 2 千万年到 6500 万年前这 1 亿 6 千万年中，恐龙分布极广，美洲、非洲、欧洲、亚洲大多数地区都有恐龙化石出土。我国更是多产地区，四川省自贡市郊的大山铺就有"恐龙之乡"之称，当地挖掘出的恐龙化石数量之大，品种之多，堪称世界之最。自贡市恐龙博物馆是世界三大恐龙展示地之一（另两个为美国犹他州国立恐龙纪念馆和加拿大艾伯塔省梯雷尔恐龙公园）。只要想一下，动物形成化石的机会多么微小就可以认识到恐龙真是当时世界的"主宰"，即主要的动物。下图给出恐龙出现的前后顺序。为方便起见，各类恐龙均用我国发现的作为代表。

恐龙是至今人类所知的最大的陆生动物，现代陆生动物以非洲象为最大，典型的非洲雄象鼻端至尾端有 10 米长，重 10 吨以上。最大的海生动物为蓝鲸，身长可达 34 米，重 170 吨。恐龙呢？比较典型的记录：1979 年一个美国考古队在美国科罗拉多州的一个干枯的河床中，发掘出一块长 2.74 米的蜥龙类恐龙的肩胛骨化石，它的主人是一头腕龙，全长应为 24 米、颈长 12 米，伸直脖子可达 18 米高，估计体重为 80—100 吨，为非洲象的 8—10 倍。1986 年，在美国新黑西哥州发现的一条震龙，长达 42.67 米，肩高 5 米多，是现在发现的最大的恐龙了。当然恐龙也不全是庞然大物，小的恐龙也有。如白垩纪前期有一种鹦鹉嘴龙，只有猫那么大，更小的是一种"袖珍"型甲龙，身长只有 10 厘米，头长 2 厘米。

恐龙与现代爬行动物一样是卵生的，许多地方出土了恐龙蛋化石，如图所示。最早发现恐龙蛋是 1922 年在蒙古戈壁的沙巴克拉乌苏，一下子找到了几窝蛋，每窝有十多个蛋。近年在我国的湖北、河南发现的恐龙蛋化石尤其多，去年我国学者还在河南发现的一枚恐龙蛋的内容物中，分析出恐龙的第一个 DNA 片断！在发现恐龙蛋化石的同时，人们还发现了未孵出的恐龙胚胎的化石；前些年，在南非的一处距今 2 亿年的地层中，发现了一窝恐龙蛋化石，其中有 3 个保留有小恐龙快要出壳的情景，有一只小恐龙正破壳而出，但还没有全部出来。这充分表明恐龙确是卵生的，这也是认定恐龙为爬行动物的一大证据。

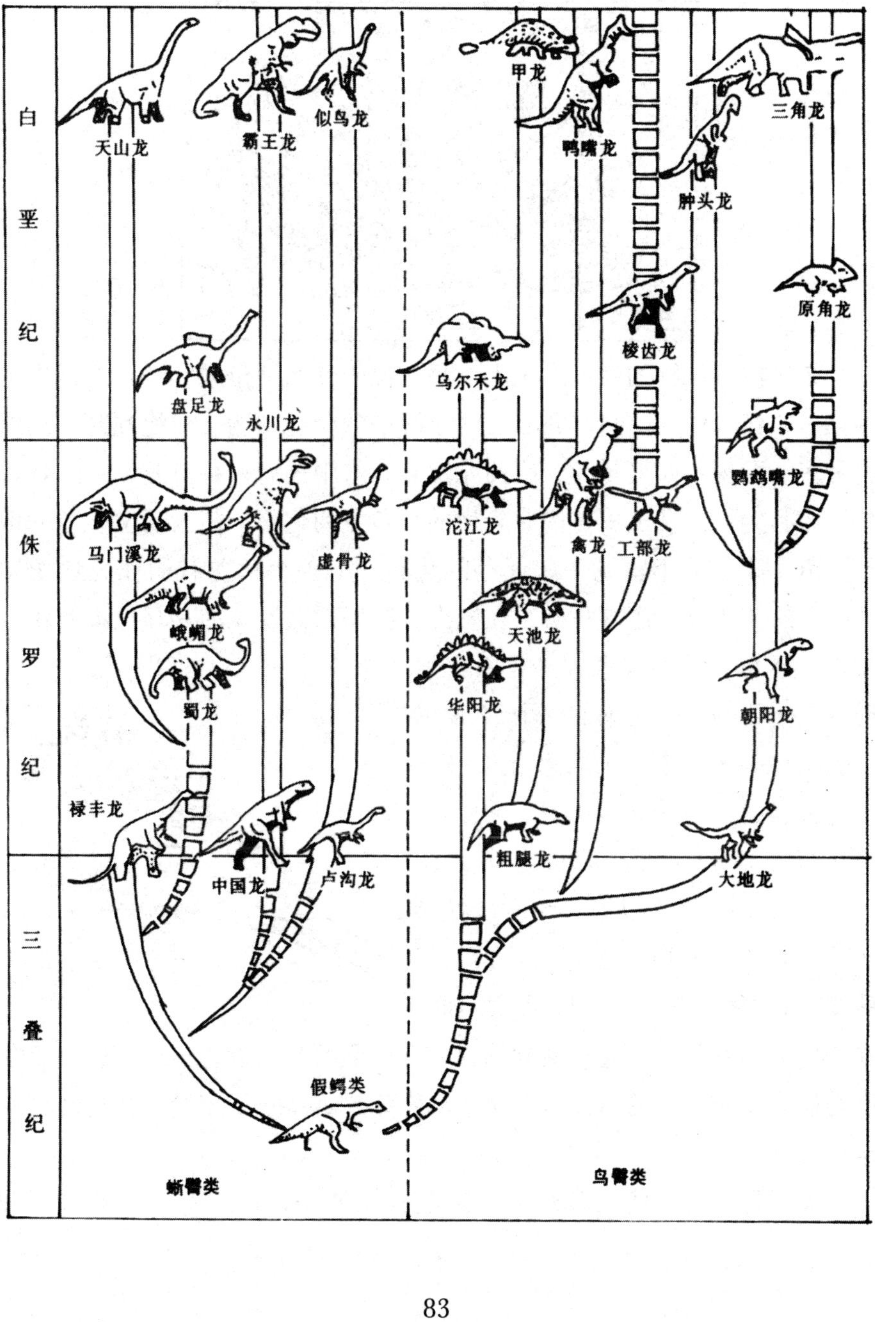
白垩纪
侏罗纪
三叠纪
天山龙
霸王龙
似鸟龙
甲龙
鸭嘴龙
三角龙
肿头龙
原角龙
棱齿龙
乌尔禾龙
盘足龙
永川龙
马门溪龙
虚骨龙
沱江龙
禽龙
工部龙
鹦鹉嘴龙
峨嵋龙
天池龙
华阳龙
朝阳龙
蜀龙
禄丰龙
中国龙
卢沟龙
粗腿龙
大地龙
假鳄类
蜥臀类
鸟臀类

在爬行纲动物的谱系发生上，恐龙位于什么地位呢？恐龙不是当时的唯一的爬行动物。当时还有生活于海中的爬行动物——蛇颈龙，我国也有多处发现，如贵州龙、广西龙都是；水中还有一种鱼龙，它的特点是行卵胎生，已发现了体内有未生的小鱼龙的化石，甚至还发现了一条母体鱼龙和七条小鱼龙一起保存的化石，七条小鱼龙有的在大鱼龙体内，有的在体外，还有一条正在娩出。我国西藏发现的喜马拉雅龙化石就是一条鱼龙化石。说起来，最先发现鱼龙化石的竟是英国的一个 12 岁的女孩叫玛丽·安宁，1814 年她在一种黑色页岩（侏罗纪地层）中，找到一块相当完整的化石，后被鉴定为鱼龙，10 年后，她又以第一个发现蛇颈龙的人而载入史册。还有一种天上飞的爬行动物——翼龙，与恐龙同时。

在进化中，翼龙和恐龙有共同的祖先——假鳄类，近化亲缘较近，鱼龙则与假鳄类有共同的祖先，与恐龙的亲缘较远些，下图给出爬行动物的进化关系。

关于恐龙，最使人感到不解甚至震惊的是，在白垩纪末期（距今

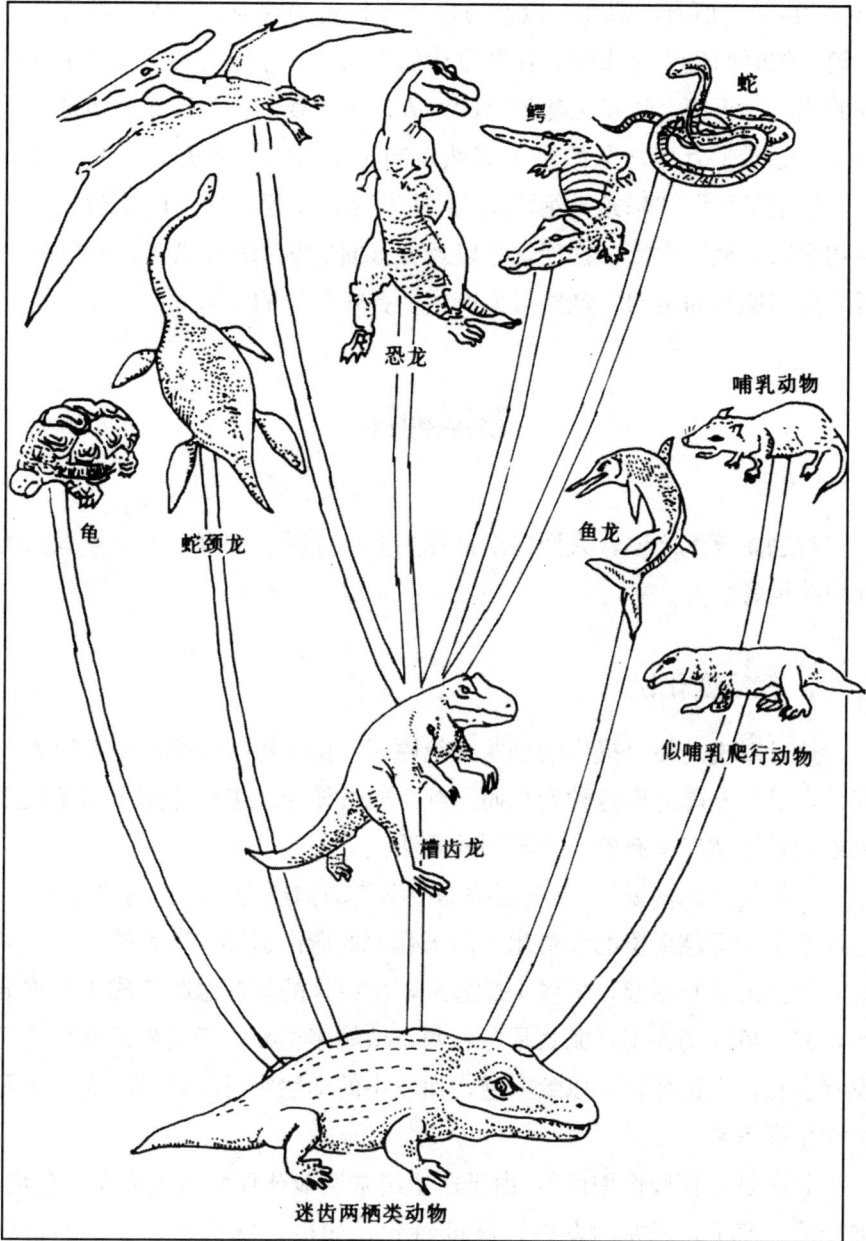

6500 万年），所有的恐龙，以及与之亲缘较近的翼龙、鱼龙、蛇颈龙等在较短的时间里突然灭绝，在新生代的地层中至今没有找到任何上述动物的化石。灭绝之快是无法想象的，人们自然要问：为什么在地球上繁衍了 1 亿 6 千万年之久的恐龙突然走向了末日？使之灭绝的原因是什么？这就是所谓"恐龙灭绝之谜"。从发现恐龙起，这个谜就激励着古生物学家、地质学家、物理学家以及各方面的学者甚至普通的科学爱好者为揭出谜底而努力，这些努力产生了各式各样的结果。

答案种种

对恐龙灭绝之谜，人们提出许许多多"原因"推测，本文分五大类介绍给读者。

1. 气候变化说

这可以说是最早提出的恐龙灭绝原因：由于地球气候产生了较大的变动，恐龙不能适应这种变化而灭绝。而气候变动怎样作用于恐龙使之灭绝的具体情况又有着十分不同的看法。

首先是"乏食说"，以美国的一些学者的提法为代表：白垩纪末期，地球发生了天翻地覆的大变化，由于强大的造山运动，巨大的山脉（如喜马拉雅山脉）崛起，气候干燥起来，由原来的湿润温暖变成了四季分明，许多植物消失了，尤其是冬春两季植物多枯死，于是恐龙缺少甚至没有食物，大量死亡，以致灭绝，而较小的动物则可以通过改变生活习惯而生存下来。

其次是"直接作用说"：由于白垩纪末期地球环境出现了大的变化，如变冷、变干，恐龙的发展已高度特化，如极大的体型，专一的食物

等，适应不了地球上剧烈变化的气候则灭绝了，其他动物则很快适应了气候的变化，所以生存下来。

再次是"气候变化使雌雄比例失调说"：现代研究人员早就发现，现代爬行动物的卵孵出的幼仔的性别，一般是由孵化时的温度控制的。例如美国的密西西比河鳄鱼，在30℃时孵出的小鳄，雌雄各半；低于30℃时以雌性为多，高于34℃时则全为雄性；再如产于阴坡的海龟卵，孵出的雄龟比例较产于阳坡的卵大得多。既然恐龙也是爬行动物，可能其孵化习性与现代龟鳄等相似。白垩纪后期天气转冷，因而孵化出的恐龙雌多雄少，性别比例失调，许多恐龙蛋并没受精，因此孵不出小恐龙。有人认为现代大批地成窝地发现恐龙蛋化石恐怕原因就在此——它们可能都是无法孵出的"哑蛋"。实际上，性别比单向失调只要持续几代，这个物种的灭绝就不可避免了。

2. 食物变化说

在白垩纪末期，被子植物（长有果实包裹种子的植物，现在我们的粮食作物、果树，多数草等"显花"植物）开始繁茂，在大多数地方取代了原来的裸子植物（羊齿植物、苏铁及松柏等）。素食恐龙的食物不得不由裸子植物改为被子植物，食物变化导致种群的灭绝。又有两说。

一是"便秘说"。被子植物比起古老的裸子植物如羊齿类或苏铁类来，有更坚韧的纤维素。恐龙不具备磨碎坚韧纤维素的牙齿，消化腺又不适宜消化这种食品，吃下去的大部分植物纤维无法消化，而身体庞大又需要大量进食，因此不可避免要发生便秘，导致死亡或不健康，几代下去就灭绝了。素食恐龙灭绝，以食它们为主的肉食恐龙也就灭绝了。

二是"生物碱中毒说"。恐龙原来吃的植物是裸子植物，它们也含有大量生物碱之类，但这些植物是与恐龙共同发展起来的，所以裸子植物中的各种成份可能都是恐龙生长所需要的。而新近繁茂并取代了裸子植物的被子植物的生物碱与裸子植物不同。由于这一取代过程来得太快，恐龙不得不采食大量被子植物，由于不及适应新的生物碱，便中毒而灭绝。

3. 种族老化说

也有人认为，正如生物个体有出生、成长、衰老、死亡的发展史一样，一个种群也有这样的发展史，恐龙种群也是如此。在白垩纪末期，恐龙种族走到了它的发展的尽头，因而就灭绝了。不过，这种说法如不具体化，则只是"恐龙灭绝了"这一同义语反复而已，所以要具体说明为什么恐龙种族在白垩纪末趋于老化。具体化的方式一般有两种。

一是"竞争失败说"。即恐龙是白垩纪末地球上生存竞争的失败者，尽管它们在2亿2千万年以前是生存竞争的优胜者，几乎"主宰"了地球1亿6千万年之久，但在6500万年前却因竞争不过新生的哺乳动物而趋于失败。哺乳动物有较大的生存竞争优势：首先，有能够保温隔热的毛皮和脂肪层，能够适应寒冷的气候，身上还有许多汗腺，可以通过出汗来降低体温，因而又能在较高温度下生存——哺乳动物是恒温动物，因而能适应较大的气候变化，有较大的生存空间。恐龙则没有这种环境适应能力，难以对付气候的变化，因其为冷血动物，既不耐寒也不耐热，生存空间狭小，在稍冷或稍热的环境中遇到攻击就毫无还手之力。其次，恐龙身体庞大而脑子甚小（脑/体比值小），而哺乳动物相对脑子较大，因而就"智力"来说恐龙远不如哺乳动物发达；哺乳动物消化器官也更进步，因而适食的物种大增；胎生也比卵生优越，幼仔成活率较高；在生存竞争中，还存在某些哺乳动物取食恐龙蛋的可能，因而哺乳动物占尽优势，随着它们向地球的各个地方的胜利进军，恐龙就灭绝了。

二是"氧过量说"。白垩纪末期，地面上阔叶林（被子植物）大增，

导致空气中氧的比例大增，恐龙不得不在氧分压远高于以前的大气中生活，以更大的速度进行异化作用，加速了对自身的消耗，由于大多数恐龙身体庞大而特化，即使整天进食也难以补充过度的异化消耗，以致于个体迅速老化，逐渐灭绝。

4. 天文事件说

即恐龙灭绝是一种天文事件导致的偶然性灾难引起的，这方面也有两种主要的说法。

一是"碰撞说"。1978 年，美国物理学家阿尔瓦雷兹（L·W·Alvareg 因在基本粒子方面发现"共振态"而获 1968 年诺贝尔物理学奖）在研究了恐龙灭绝的问题后，提出了一种看法：大约在 6500 万年前，有一颗直径为 8—10 公里的阿波罗型小行星撞到地球上，成为一颗巨大的陨星，它与地面猛然撞击引起大爆炸，爆炸能量相当于 100 万亿吨 TNT（广岛原子弹才有 2 万吨当量），大地表面炸出了一个直径大约为 170 公里的坑，无数尘埃冲天而起，进入大气弥漫达数年之久，遮住了阳光，植物赖以生存的光合作用被阻断，从而大量死亡，气温急剧下降，恐龙受突来的饥寒袭击，顿时死亡而灭绝。这次撞击不仅打击了恐龙，其他许多物种也受害，也因此而灭绝，灭绝的物种达当时的一半左右。这次撞击在地质学上找到了越来越多的证据。

这一事件的关键性证据之一是 6500 万年前的古地层中，金属铱的含量意外的高，与上下地层相比较，在新西兰达到 20 倍之差，在丹麦则发现有 160 倍之差，而实际上，地表层中铱的含量极低，各种地球上的突变难以富集大量的铱，因而，铱无疑来自天外——小行星带来的，小行星在撞击中成为灰烬，飞扬到空中，使铱分布到地层中。

按这一基本思路，有人作了更具体化的修正："恐龙在小行星与地球撞击后不见得全部死亡，此后似又在地球上生存了数十万年。"修正

案认为：撞击使大部分恐龙灭绝，仅存残部，而由于撞击，海面下降300米，使许多大陆连接起来，于是许多动物如哺乳动物等来到恐龙的栖息地，使恐龙最后完全灭绝。

对于铱地层现象和对撞击后的描述，有人提出了另一理论——白垩纪末的造山运动中有大量的火山爆发，火山灰中含铱，且火山灰日多，也起了遮天蔽日的作用，这种遮蔽可使气温下降 3—5℃，或者 5—10℃。使恐龙的生态环境急剧恶化，促使其走向灭绝。

更有人把火山论加入前述撞击论中：小行星的撞击引起了火山的大量、长期的喷发，二者相结合促使了恐龙的灭绝。

二是"放射线说"。即恐龙是在过量的放射线的轰击下走向灭绝的。那么过量的放射线又是从何而来呢？又有几种说法。

首先是"超新星爆发说"。提出人为前苏联学者什克罗夫斯基（И. С. Шкловскнй），他指出近距离（如距太阳100光年范围内）的超新星爆发后，落到地球上的放射线将是平时来自宇宙线的放射线强度的10—15倍。地球上的生物将受到放射线的毁灭性袭击，首当其冲的便是恐龙。超新星的爆发在银河系中是极偶然的事件（几万年一见），在太阳系附近100光年内更是几亿年一见的罕有事件了。但据什克罗夫斯基等人推算，恰好在6500万年前，在太阳附近约32光年处发生过这样一次超新星爆发，爆发所产生的大量放射线射向四方，地球陷入巨大的放射线灾难之中，身躯巨大而毫无防护的恐龙在射线轰击下立即死亡，没立即死掉的也在病痛中挣扎，而且还严重影响了它们的繁殖，很快就灭绝了。许多物种也与恐龙同时灭绝了。那些比较抗辐射的或偶然躲藏在地下或洞穴中的若干动物逃得了性命，从而留存下来。

其次是"放射'地'带穿行说"。认为太阳系位于距银河中心大约3万光年的地方，并在这个位置上绕银河中心旋转，大约2.5亿年绕行一周，而在银河系的背景区域内存在一部分"地"区有强大的由中心射

出的放射线的"急流"，正好在 6500 万年以前，地球由这样的地区通过，因而遭到极强的放射线的袭击。

第三是"地磁消失说"。地球有磁场，它是地球的"保护神"之一，它能阻挡宇宙射线特别是太阳射线中的带电粒子，使之发生指向南北极的偏转，这种磁力偏转的带电粒子形成了地球特有的辐射带，辐射带也具有阻挡放射线的作用。地磁一旦消失，所有对带电粒子的阻挡作用也就消失了，地球将受到宇宙线的直接轰击；而地球的磁场每隔一定时期会发生磁极逆转，在磁极发生逆转的一段时间里，地球将失去地磁的保护，6500 万年前可能正值磁极逆转过程，因而地磁消失，恐龙受到到宇宙线的直接轰击。

其四是"浮游生物死亡说"：1988 年，美国纽约大学的两位学者指出，一种单细胞海洋生物——钙质浮游生物的大批死亡导致了生物（包括恐龙）的灭绝。具体途径是这样的：只有这种浮游生物，能够产生一种硫化物，这种硫化物能在海面上的云层中形成水点反射太阳光，使阳光的强大的热辐射不能直达地球表面，这种浮游生物一旦灭绝，将使地球反射太阳光热辐射的能力降低，这将导致地球温度升高 6～8℃，长达数万年之久，从而导致恐龙的灭绝；那么为什么这种浮游生物会大批死亡呢？则可能由丁受到酸雨的袭击等因素，使这种浮游生物的钙质外壳溶化分解，从而死亡；若再问，酸雨从何而来？白垩纪末的火山活动大增即可造成。

5. 恐龙传染病说

这是一种较新的说法：6500 万年前地球上爆发了恐龙传染病，它超越了自然所能控制的范围，使恐龙灭绝。是什么样的疾病，怎么会超越自然免疫机制导致整个种群的灭绝呢？也有几种说法，一种认为是某种烈性传染病，尤其是类似艾滋病那样的破坏恐龙免疫系统的传染病席卷恐龙界，使之逐渐灭绝；一种认为原来陆地是被海分开的，每个被隔开的陆地上的恐龙都有自己的疾病和免疫功能，二者保持相对的平衡，白垩纪末造山运动，使有些陆地分开而另一些分开的相连，这就使恐龙得以进入新的地区，来自许多原来不相联系的地区的恐龙到了一处，彼此对别的地区的疾病缺乏免疫力而染病，结果导致多种疾病的大流行，致使恐龙灭绝。

这些原因各有依据也各能说明一些事实，但也存在一些问题，最重要的是许多原因都特别强调恐龙的庞大特化是其灭绝的因素起作用之点，那么为什么很小的恐龙也未能幸免而同样大甚至更大的其他某些爬行动物及原始哺乳动物却没灭绝呢？许多原因纯出于想象。因而尚无公认的结论。而且在探讨某些问题时又产生了新的问题，例如，其中一个就是：

恐龙是冷血动物吗

说恐龙是冷血动物——即无恒定的体温，体温随环境的变化而变化——是把它列入爬行动物而与现代爬行动物类比的结果。但如前述，恐龙的腿与躯干的结合与现代爬行动物有很大的差别：恐龙的腿是直立于体下的，腹部远离地面，就像现代温血动物——象等一样；而现代爬行动物是腿伸于身体两侧、腹部贴地"爬行"。为什么结构与温血动物一样，即可能行为也与温血动物一样却仍被认为是冷血动物呢？人们不断地提出这个疑问。

冷血动物无恒定的体温，但它也只是在适宜的体温如35℃的条件下才能自如地活动。因此现代爬行动物，如蜥蜴、鳄鱼等，早上都要等太阳升高晒一段时间，使身体达到一定的温度后才活动。当然温度太高也不行，这时它会爬到阴凉地方去，或改变一下姿势，或到水中去以保持有利的温度。在低温（冬季）高温（夏季）季节都要休眠，即无法活动。

如果恐龙也是这样取得必要的能正常活动的体温的话，就引起一些问题。举例说明之。

在1亿5千万年前侏罗纪的一个"春天"的早上，一只刚睡醒的身长25米，体重35吨的雷龙走出来晒太阳，以把夜间降下去的体温升高。

当时的日光有多强？不妨假定与现在的日照水平相当，即与它垂直的平面上平均每平方米有1千瓦的功率，即每秒有0.24大卡的热。按这只恐龙的身长和体重与人比较，它的直接投影面积约为50平方米，不妨设雷龙对照在它身上的光热作100%的吸收，则每小时获热为

$$Q = 0.24 \times 1 \text{ 千卡/秒} \cdot \text{米}^2 \times 50 \text{ 米}^2 \times 3600 \text{ 秒}$$

$$= 4.3 \times 10^4 \text{ 千卡}$$

现代动物（如人）体内的水分可达体重的60～70%，设想恐龙亦应如此，因此可把雷龙的比热当作水的比热来看，即1千卡/公斤·摄氏度，则这条雷龙的热容量为

$$C = 1 \text{ 千卡/公斤·摄氏度} \times 35000 \text{ 公斤}$$

$$= 3.5 \times 10^4 \text{ 千卡/度}$$

因此，在阳光照射下每小时雷龙体温可上升

$$T = \frac{Q}{C} = 1.2 \text{ 摄氏度}$$

这里取的光吸收率为100%，不计热损失，实际上，这条雷龙晒1小时太阳，体温上升不足1℃，因而要把体温上升10度（一般的昼夜温差，当然指温带地方），那不等它暖和过来，太阳就落山了。

对比一下小型爬行动物，（即现代大型爬行类），把上述雷龙缩小到

原大的 1‰（长 2.5 米）；则其体重因与体积成正比，所以缩小到原重的 1‰（10×10×10＝1000），从而热容量也减小到原来的 1‰，受光面积则减小到原来的 1%。结果，每小时体温升高为

$$T' = \frac{Q \div 100}{C \div 1000} = 12℃$$

一条鳄鱼春天时在河岸上晒一二个小时太阳就可以正常活动了。

从这一点上看，这条大雷龙为冷血动物是有疑问的——单靠太阳热是不能把它的身体暖和起来的。除非当时的气温非常暖和，尤其重要的是昼夜温差不大，这样恐龙不靠太阳也可保持体温。但这样，就可能产生另一个问题：如果雷龙行动迟缓，像现代大型爬行动物表现的那样，那也没有什么大的问题。如果它像它的腿的生长方式所预示的，像现代大象一样来回走动，则它体内必然要产生大量的热，它怎样散热呢？不能指望有散热的环境——因为已假定，当时天气很暖和，且晚上也一样。

与此相关的，还有恐龙的食量问题：作为冷血动物，行动迟缓，不必为保持体温耗费能量，因此吃较少食物（与现代哺乳动物相比）就行，但较少吃东西，又何以能长成那么巨大（多数种类比象更大）？只好假定它们能像象那样吃大量的东西，就要整日整夜地进食（现代非洲象每天须进食 18 小时），因此又产生了多余热量的散热问题。如果假定恐龙是温血动物，那么上述问题都自然消解了，但又出现一个更根本性的"谜"：恐龙如何保持恒温？在进化上又是从何而来呢？

人工智能之谜

一群旅客来到一个度假村，受到男女服务员的热情欢迎和极其周到而满意的各方面的服务，高兴之余，旅客们才知道所有这些服务员都是机器人——人造的人。许多人极其满意地离去。消息传开，更多的人前去旅游，其中不乏政界、军界、经济界、新闻界的名流。这个旅游圣地因受旅游过的名流的推荐而更加生意兴隆。谁也想不到这个度假村的主人却是一个有称霸世界野心的狂人。他千方百计吸引各种名流要人到度假村来，然后暗中对他们进行研究，最终制造出和他们一模一样（外形和精神、头脑和身体都一样）的机器人，把原来的真人杀死，派机器人作为原来的要人回去。这种机器人虽然与真人一样，却听命于度假村主人。后来此事被两位新闻记者识破。这是 80 年代初风靡世界的美国科幻电影《未来世界》的基本情节。这部电影提出了这样一个问题：制造人工的人——主要是人工大脑——有可能吗？其实这也是一个古老的问题，不过是在"人工智能"有所发展的时代的新问题而已，也可以说，这是一个老而常新的问题。

图灵判据

制造人造人的想法人类古已有之，无论东西方的神话中人都是"制造"出来的：《圣经》说上帝按自己的样子制造了一个男人，后来又用男人的肋骨制造了一个女人，这就是人类的初祖亚当和夏娃；在中国神话中，人是女娲用泥土制造出来的。既然人自身就是被制造出来的，那么他就不能再制造出新的人了吗？人们当然不那么想，许多作品表现出人类对人造人的向往。被称为是人类最古老的史诗之一的古希腊荷马的《伊里亚特》中就记载了这样一则故事：火神赫菲斯托斯神通广大，他曾用金子造出几位少女，她们有智慧、能干各种各样的事，如扶他（火神是个跛子）走路、帮他打铁等。中国的《列子·汤问》记载了另一则故事：同穆王西游，路遇一名叫偃师的匠人，他把一个能唱歌跳舞的机器人献给穆王。这个机器人的表演甚好，受到穆王的称赞，但有一次演出后，他公然与穆王的几个妃子眉来眼去，穆王大怒，杀死了他。制造人，关键在于制造出人的智慧，即人的精神，古人似乎也认识到这一点，并且也认识到制造智慧或精神的困难。例如《封神榜》中哪吒自杀把身体还给父母，他的师傅太乙真人就用莲花造了一个新的哪吒的身体，但无法制出哪吒的精神来，只好利用哪吒自身原来的灵魂，说是太乙真人把哪吒的灵魂"猛地推到"莲花化身上，才真正完成了人的制造过程。

能够取代（或者不如说进行）人的精神（大脑）的一部分工作的人造物——机器——可以说直到 1946 年才问世，那就是电子计算机。人所共知的世界第一台通用数字式电子计算机是美国制造（1946）的"电子数值积分和计算机"（ENIAC），它是一个占地 170 平方米、重 30 吨，

有 18000 个电子管作元件的庞然大物，它每秒能进行 5000 次加法运算，它一天内完成的计算要一个人用台式计算器连续干上 40 年。电子计算机的发明可以说延长了人的大脑，即机器具有了人脑的某些功能，这对于生产、科学及社会的发展有极重要的意义，所以电子计算机一经产生就受到人们极大的重视。电子计算机制造业成为人类历史上发展最快的产业，计算机本身也在 50 年中发展了四代，功能有了极大的提高，美国克雷（Cray）公司 1995 年推出的 T90 机，达到每秒 600 亿次计算的层次。而且随功能的提高，成本迅速降低、体积减小、重量减轻，现代具有 ENIAC 功能的计算机重量只有几十克。1984 年，克雷公司生产的每秒进行 10 亿次运算的"巨型机"也不过长 1 米、高 70 厘米，一个皮箱就能装下。这种情况，使电子计算机在各个社会领域中得到广泛的应用，这种应用迅速地改变了社会的面貌。

计算机进行了人脑的一部分工作，它的产生和迅速发展为人造大脑，更确切的说，为人造智能提供了基本的物质技术基础。

那么，计算机能否有智能呢？更进一步说，机器能否进行思维呢？

电子计算机刚一出现，它的创始人之一，英国学者图灵（A. Tnring）就提出了计算机思维的问题。1950 年，图灵在《精神》杂志上发表"计算机与思维"一文，正式提出并初步回答了这一问题。他提出一个著名的"机器是否能思维"的判据：做一个试验（后来就称为"图灵试验"），如果试验中一台机器在某些指定的条件下回答问题，能在一段时间内使提问者分辨不出是人还是机器在回答问题，那就应该认为这台机器是能够思维的。后来这个判据就被称为"图灵判据"。下图示出图灵试验的方法：

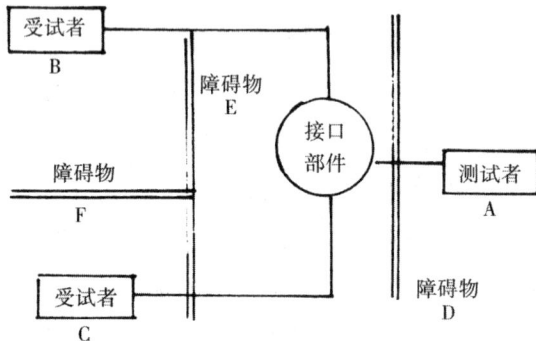

设有测试者 A（人）与受试者 B 和 C（其中一个为人，另一个为机器），三者以障碍物 D、E、F 两两隔开，使之不能彼此见到。测试者通过向 B、C 提出问题，通过二者的回答来判断何者为机器、何者为人。所有 A 提的问题和更重要的 B、C 的回答都是通过一种非人格的方式传递，即"接口"可采用打印机或字屏幕等。不允许提问者从任何一方得到除了上述问答外的任何信息。如果任意更换测试者和作为被试之一的人，只要每一测试者区别对方的准确程度低于 50%，就可以认为这台被试的机器是能思维的。

至今为止，还没有一台机器能通过图灵试验。而且人们对满足了图灵判据的机器是否就具有人的智能（能思维）还存在争议。不过从这之后，机器思维的研究却极快地开展起来，这一领域就称为"人工智能"

（Artificial Intelligence，简记为 AI），是相对于人的天然智能（Natural Intelligence，NI）而言的。

恰好是人工智能研究向人们提出了"什么是智能?"的问题。在这之前，似乎这是一个不成问题的问题，而一旦要投入进行人工制造，那么要制造的是"什么"就马上提到日程上来了。尽管对人类智能的认识有种种差异，但认为推理、学习和联想三大功能是最基本的智能因素则是没有疑问的了。因而人工智能作为一门学科、研究的就是如何制造出具有人的智能的机器，以解决现有机器还无法或很难解决的问题，特别是提高计算机的能力，使它能解决一些目前只有人才能解决的问题。具体地说，就是要制造出具有推理、学习和联想三大功能的人工系统来。

无论推理、学习还是联想，以致于一般来说的智能都是以知识为基础的，但智能并不能等同于知识。可以认为知识是存在于个体中的有用信息，而智能则是为了达到某些特定的目的而运用这些信息的能力。一般地说，现代电子计算机可以存贮许多信息，也可以根据事先编好的程序进行许多运算和比较固定的有程序的信息处理工作，但在没有引用人工智能系统时，一般不具备推理学习和联想功能，所以说它贮有知识但不具备智能。这一点可以说是计算机与人工智能的根本区别。人工智能是以计算机为基础的计算机应用，但它所解决的课题不是计算机的一般应用，而是一种特殊的应用。它要创造的是能随外界条件变化作出正确判断和反应的机器，去完成通常只有人的智能才能完成的工作。

人工智能研究的历史和现状

最早的人工智能机器似乎应是英国瓦尔特（W. G. Wald）在 1950 年制造的一种"乌龟"，它身上的电池有电时，会以自己的动力在地上四处爬行，当电快用完时，它会跑到离得最近的电源插座那儿，把自己插上给电池充电，当充完电以后，自己从插座拔出，并重新在地上爬行！后来，人们制造了许多类似的东西。这些，可以说是"人工智能"的前期制造。

1956 年夏季，美国的麦卡锡（J. Mac Carthy）、明斯基（M. Minsky）和尚农（C. Z. Shannon）等人共同发起了一个关于人工智能的学习讨论会，邀请了 IBM 公司（国际商用机器公司）的塞缪尔（A. Samuel）、兰德公司的纽厄尔（A. Newell）和西蒙（H. Simon）等人参加（他们是当时的一批有名的数学家、心理学家、神经生理学家、信息论和计算机专家），他们共同从不同学科的角度来探讨人工智能的可能性，这次讨论会进行了两个月，"人工智能"一词就是在这次会上正式使用并从而通用的。标志着这一学科的正式确立。

会后，美国开始形成了几个以人工智能为目标的研究集体。这标志着人工智能进入了组织实施的阶段。

以纽厄尔、西蒙等主持的卡内基－梅隆大学和兰德公司的研究小组，是由心理学家和计算机科学家组成的，主要从心理学的角度来研究人工智能，人们称之为心理学派。他们把人在解决问题时的心理活动总结成一些规则，然后用计算机来模拟，使计算机表现出智能。1956 年，纽厄尔等三人提出了一个逻辑理论机（LT）程序，这种程序不是根据事先编好的固定的算法解题，而是将人脑在进行推理时的思维过程、规则，所采取的策略、技巧或简化步骤等编进程序，在计算机中先存贮一些公理、规则，然后让机器自己去探索解题的方法。这时机器就能表现出类似人脑推理的心理活动，像是一个数学家在进行推理并证明某些数学定理。这种程序后来称为启发式程序，把这种逻辑理论机称为"逻辑理论家"。当时，人们用它证明了罗素等著《数学原理》第二章的 38 条定理。这一工作被认为是用计算机探讨人工智能的第一个真正的成果。

在此基础上，他们进一步研究人在解决问题过程中的思维活动，发现可分为三阶段：一、想出大致的"解题计划"；二、根据记忆中的理论和推理规则"组织解题"；三、进行目标和方法的分析。从这一点出发，他们在 1957～1959 年提出了著名的"通用问题求解机"（GPS）程序，可解十几种不同性质的题目。

以塞尔弗利奇（O. Selfridge）和麦卡锡等人为代表的麻省理工学院研究小组比较侧重于人工智能的数学形式，注意于研究适合非数值问题的求解中运用的程序设计语言，1960 年提出著名的"LISP"语言。这是一种适用于人工智能研究的函数式表处理语言，至今仍在人工智能研究中起重要作用；他们还研制出早期的计算机咨询问答系统，后来用于飞机售票等业务中。

塞缪尔等人所在的 IBM 公司研究组则选择了人的一种博弈游戏——下棋作为研究的突破口，因为这种游戏表现出典型的人类智力特征，同时又便于作人—机之间的"智力"比较。1956 年，塞缪尔利用对策论和启发式搜索技术编制了一个跳棋程序，它可以使机器像一个好的棋手一样向前预测几步走法，这个跳棋机不是按事先编好的固定的程序工作，而是能够自适应、自学习，在与人下棋的过程中学习跳棋，能积累"经验"，此举轰动世界。1959 年，这台机器击败了塞缪尔本人，经过 3 年的"学习"，它又击败了美国一个州的冠军，达到冠军级水平。这是机器学习研究的一个良好的开端，后来博弈游戏也一直是人工智能研究的一个经久不衰的课题。

60 年代，人工智能有了全方位的发展，这首先是建立在对人的智能的进一步深入研究的基础之上的。如对人的智能活动过程达到如图所示的新认识。

针对人的智能的各个环节展开人工智能的研究工作。60 年代特别注重于第一个环节——感知过程的探讨和"人工化"。人的感知主要通

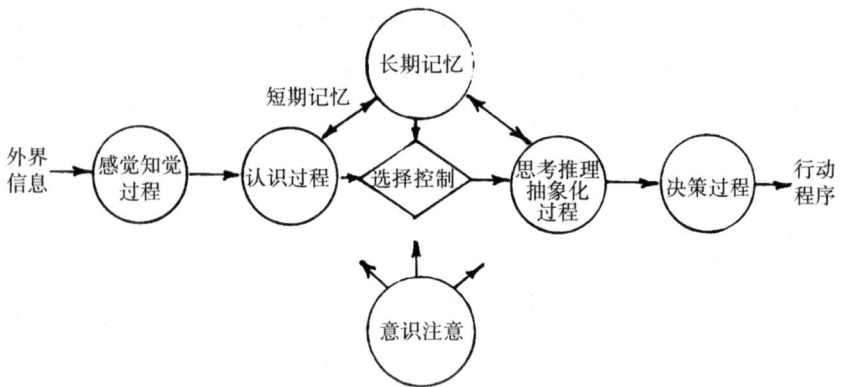

过视觉和听觉进行，于是给计算机装备"眼睛"和"耳朵"成为重要的人工智能课题。人们集中研究了图象识别和文字识别的问题。无论 2 维识别还是 3 维识别都取得一些成绩；人的感知过程还有一个极重要的语言系统，因此，对自然语言的理解也成为人工智能的重要课题，与此相关的则是机器翻译的研究。而针对人的智能的"选择控制"和"思考推理"环节，人工智能发展了 50 年代便开展了的解决问题研究，1965年，鲁滨逊（T. A. Robison）提出了"归结原理"，这是一种通用解析方法，对"机器证明"有较大的推进。

60 年代人工智能的另一个发展是人们对它有了更深刻的认识，人们发现，虽然人工智能研究有了上述的发展，但整体来说，并没实现许多著名权威预言的近期目标，如"机器翻译"，人们甚至开始怀疑它的可能了。实际上，真正的人工智能在近期内是难以实现的，于是，重新制订了目标，对研究方向作了一些调整。

调整之一就是进行"专门化"研究。60 年代，人们一直在寻找一些理论和方法，希望借以使计算机完成各种各样的智能行为。60 年代末人们终于认识到，要想使机器在某方面有智能，必须为机器提供这个方面的大量专门知识。知识，或者说专业知识才是智能的基础。这样，

到70年代，人工智能的研究方向就从"有关思维的一般性法则之追寻"转到"具体知识的认识"。其代表性的进展是"知识工程"的建立。实际上无论是自然语言理解系统，还是机器视觉系统或机器翻译系统（他们都是60年代已开其端的人工智能研究领域）都拥有大量的知识，因而知识的获取、表示和运用就成为人工智能所有领域的关键技术。所谓"知识工程"，指以知识为处理对象，以知识型系统为产品的工程技术。知识型系统既包括模拟特定领域专业人员的专家系统，也包括模拟常人处事行为的一般理解图象、理解语言等系统。知识工程的关键技术是如何获取、表示和运用经验知识，即强调尚未形成理论的经验和技巧，因而就要弄清直觉知识或启发式知识的实质，这要求对人的思维作深入的研究，尤其是对形象思维和抽象思维作统一的研究。

在70年代，全面展开了人工智能的"核心理论及应用技术"的探索，当时已认识到并加以研究人工智能领域。一般来说，在各个领域中都取得不少成果。

80年代起人工智能的发展进入了新的历史阶段。它表现出这样两个特点：一是研究成果开始商品化，出现了用于精密检测的机器视觉系统和能进行装配作业的初级智能机器人，用于微型机的自然语言接口，并开发出各种类型的专家系统等等，使人工智能进入社会和家庭。二是人工智能向更高级的水平发展，例如出现了"第二代专家系统"即智能系统，用于设计并研制新型电子计算机，模拟人的创造性思维等等；开始研制智能计算机——所谓新一代计算机，具有推断、联想、学习等高级智能，并且可以以声音、文字、图画等进行人机对话，由于人机界面友好，使用方便，所以也被称为"傻瓜"计算机；开发智能型智能机器人；并努力将分散于各个分支领域的人工智能技术综合为系统的机器智能技术体系。即在技术和方法、各种领域全面发展的基础上把它们融为一体。这则是现在正在探讨的课题。此外，对神经网络、对认识模型、对人的大脑功能，总之，对人的智能本身的深入研究也是重要的现代人工智能课题。

机器人向我们走来

机器人是人工智能的一个应用领域。但是，一、机器人的制造要求观测、思维、动作等的全面结合，所以它比较全面地体现了人工智能的方法和技术；二、机器人是家喻户晓，可以说在公众心目中作为人工智能代表的领域；三、按本文引例《未来世界》影片中的机器人所提出的问题"人工能否制造出人类思维或人的智能"，这一问题的典型表述也就是人能否制造出像人一样的机器人来。所以我们把机器人这一人工智能领域作为重点和代表来探讨。

机器人（Robot）一词出自捷克作家恰佩克（K. Capek）1920 年写的喜剧《罗莎姆公司的万能罗伯特》，机器人（罗伯特）是剧中的主人公。这个词是根据捷克语 Robota（奴仆）和斯洛伐克语 Robotnik（劳动者）创造的，是一个万能的机器"工人"。此后，机器人一直是玩具、戏剧、漫画尤其是幻想小说的主人公。人们常常把机器人理解为种种像人似的小怪物（如《未来世界》电影中的人形的东西），一般是作为人的对立物（如《未来世界》或恰佩克的剧）而出现的，因此，一提起机器人，总是令人心生畏惧。就连最早提出有用而友善的机器人观念的美国作家阿西莫夫（I. Asimov）也在他 1950 年的幻想小说《我，机器人》中提出了有名的机器人三定律：

1. 机器人不得伤害人，或看到人受伤害而袖手旁观。

2. 机器人必须服从人给它的命令，除非这一命令与第 1 条定律相抵触。

3. 机器人必须保护自己，除非与前两条定律相抵触。

当然实际上，在现阶段、机器人与"人形"并无关联，它的定义是："能灵活地完成特定的操作和运动任务，可再编程序的多功能操作器。机器人主要在功能上模拟人，外形上多种多样，以适合需要为准。一般地，人们常把能在某种意义上模仿生物（人）的动作和行为的机械装置统称为机器人。

机器人的研制开始于 40 年代末，一方面是这时有了生产上的需要，如在有放射性或其他有害环境中代替人工作促使人们研制遥控操纵器；再如生产的自动化提出了新的、更灵活的控制要求，这促使人们研制数控机床。另方面是自动化技术、机械技术、特别是电子计算机的广泛应用提供了研制条件。40 年代末到 50 年代初，遥控操作器和数控机床投入应用，它们可以说是最早的机器人了。

1954 年，美国的德沃（G. C. Devol）申请了一个"可编程控机械手"的专利，这是世界上第一个真正的机器人制造专利。1958 年他与英格伯格（J. Engberg）合作制成了机器人样机，此举获得成功，这种机器人可用于各种产品，因而称为"产业机器人（工业机器人）"，1960 年正式用此名称。他们二人接着兴办了世界上第一家机器人制造工厂，并开办机器人公司"尤尼梅逊"公司，英格伯格任总经理，1961 年生产出第一种机器人"尤尼梅特"（意为"万能自动"），接着，美国另一家公司推出另一种机器人"弗塞特兰"（意为"万能搬运"）。以后的相当时期内机器人都按这两种研制。但是迟至 1966 年，通用汽车公司在俄亥俄州成立新厂，一次购入并使用了 66 个"尤尼梅特"机器人，机器人才真正进入工业生产。接着，日本、英国等国相继引入了机器人和机器人制造技术，并开展了相应的研制工作。

采用工业机器人带来极大的效益。首先，可以节约大量人力，为人赢得大量时间；其次机器人的使用可以改善人的劳动环境——可以代替

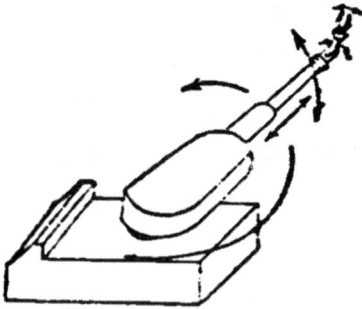

尤尼梅特

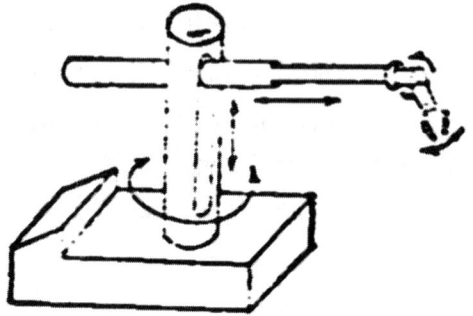

弗塞特兰

人在艰苦、有害、恶劣的环境中完成各种作业；机器人能把人从单调重复的劳动中解放出来，从事更富创造性的工作；机器人有各种奇技异能，在某一方面有人所不可比拟的特殊技能，如加工速度、精度等等。总之，使用机器人能提高劳动生产率，提高产品的产量和质量，可以缩短生产周期，省能源、降消耗——可以使人获得较高的经济效益。下图示出机器的使用对生产和社会的影响。

因此，机器人制造也是发展较快的产业之一。就工业机器人来说，1981年，全世界应用了近10万台，而据1994年国际机器人联合会公布的数字，1993年底，全世界已投入应用的机器人有61万台，并预测1997年将达到83万台。此外机器人自身的发展也迅速经历了三个世代。

首先发展的是程序控制机器人，是按事先设定的程序（包括顺序、条件和位置等）逐步动作的机器人。在机器制造业中，常用于完成单调重复的作业。可分为固定程序机器人和可变程序机器人两种，前者比较简单，适用于有固定工作程序的往复、重复式机械加工；后者可改变程序以适应新的工作，后来又发展出可编程控机器人，可现编程序来完成新的工作。这些机器人价格较低，所以颇受欢迎。

接着又发展出示教再现机器人，它们具有记忆再现功能，操作者须

```
┌──────────────────────┐        ┌──────────────────────┐
│     多种生产自动化      │        │      提高生产率        │
├──────────────────────┤        └──────────────────────┘
│  多种混合生产线自动化   │        ┌──────────────────────┐
├──────────────────────┤        │   稳定与改善产品质量    │
│  容易适应产品设计      │        └──────────────────────┘
│  修改和品种变化        │        ┌──────────────────────┐
└──────────────────────┘        │ 节省能源和能量(节     │
运动功能允许在三           ┌────┐ │ 省资本消耗、减少次    │
维空间任意变化             │    │ │ 品率、省材料)         │
                          │    │ └──────────────────────┘
┌──────────────────────┐          ┌──────────────────────┐
│ 提高工作效率增加操作时间 │          │     改善生产管理       │
├──────────────────────┤          └──────────────────────┘
│ 能经受各种恶劣工作     │
│ 条件及进行快速操作     │
└──────────────────────┘
工业机器   机械与物理功能
人的特点   超过人的能力
┌──────────────────────┐          ┌──────────────────────┐
│ 作适当和精确(稳定可靠性)│          │ 提高舒适的工作环       │
├──────────────────────┤          │ 境使工作适人化         │
│ 能弹性应付产量变化     │          └──────────────────────┘
├──────────────────────┤          ┌──────────────────────┐
│ 可应付实现生产计划     │          │ 保证就业稳定增加就业机会│
└──────────────────────┘          └──────────────────────┘
按人给的指示高可                     ┌──────────────────────┐
靠与高精度操作                       │ 解决了熟练工不足问题   │
                                    └──────────────────────┘
┌──────────────────────┐          ┌──────────────────────┐
│ 减少人对传送带系统心理上│          │   更有效地应用人力     │
│ 的抵触更有效的应用传送带│          └──────────────────────┘
├──────────────────────┤          ┌──────────────────────┐
│ 靠机器人与所服务的     │          │ 产生新的需求促进       │
│ 机器的电子信号变换     │          │ 工业技术发展           │
│ 完成协调快速操作       │          └──────────────────────┘
└──────────────────────┘
工业机器人的  以人－机系统变成人
应用引起生产  －机器人－机器系统
系统的变化
┌──────────────────────┐
│ 改善人的劳动品质,人类  │
│ 从控制机器人中得到快乐 │
└──────────────────────┘
┌──────────────────────┐
│  机器结构与功能的革新   │
└──────────────────────┘
┌──────────────────────┐
│ 创造新的工艺发展新的工  │
│ 业领域(核能海洋开发)   │
└──────────────────────┘
```

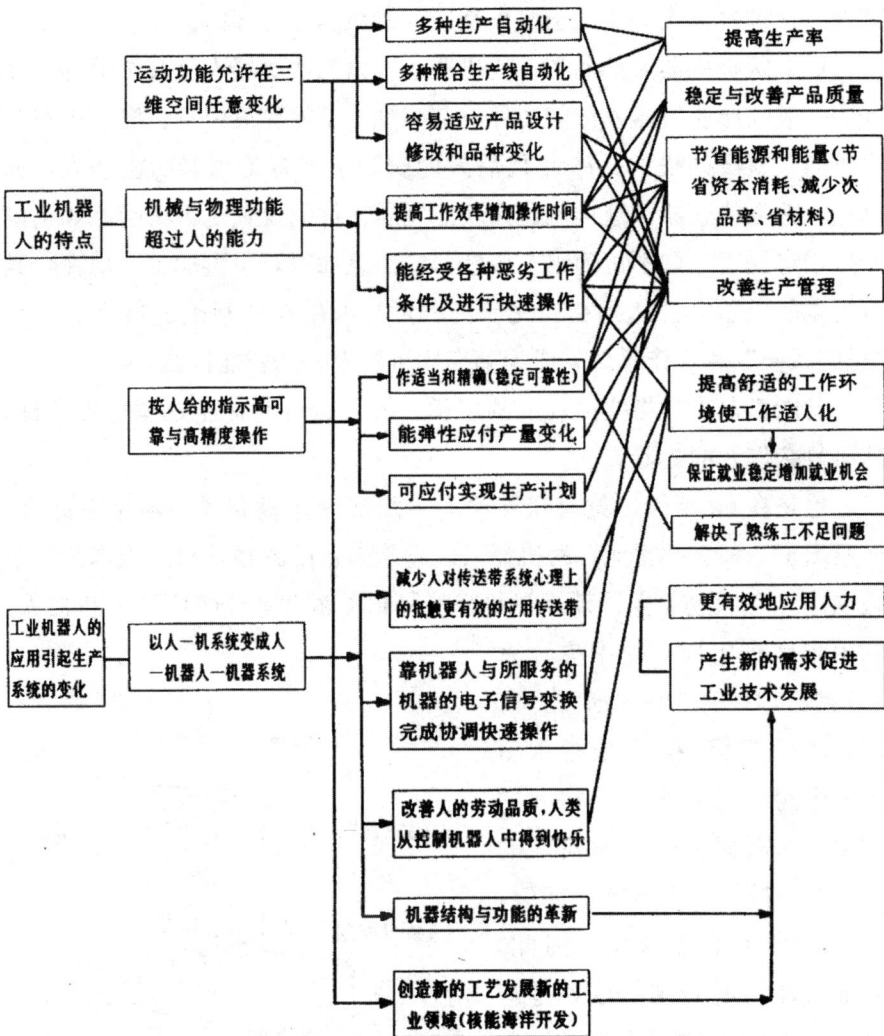

先进行"示教",机器人则能记忆有关作业顺序位置及其他信息,然后按再现指令,逐条取出解读,在一定的精度内重复被示教的程序,完成工作任务。这种方式(示教再现,Teaching/playback,简记 T/P)使机器人具有一定的通用性和灵活性,是用自动化机器代替人的最直接的

方式。这种机器人主要用于汽车制造、机械加工等部门。

以上两种机器人都属第一代机器人。第二代机器人是有感觉的机器人。一般的产业机器人如前两种没有感觉，工件存放位置、姿态稍有改变机器人就没办法了。70 年代后人们研制了带有传感器的机器人，如触觉、视觉传感器，这样机器人就能判断工件的位置是否正确，如正确就按规定加工，如不正确则按传感器的信息加以调整再加工。现在，具有视觉的机器人已达到相当完善的程度。如果在此基础上再增加一个"思维系统"和工作系统就成为第三代机器人——智能机器人。

智能机器人是指能再现人的感觉、操作、行动并能处理意外事件，从事复杂作业的机器人。

也是在 60 年代，美国麻省理工学院把计算机和操作器结合起来，研制出了一种有"智能"的机器人，它能靠自己的触觉找到积木并装于箱内。70 年代初，美国斯坦福研究院研制了谢克（SHAKEY）机器人，它由眼和车组成，受中央计算机控制，具有初级感知能力，能自动生成程序，完成把木箱由一个房间搬到另一个房间的实验。当时研究这类机器人的目的在于进行人工智能的实验，而不是为了直接应用。因此，智能机器人的研制可以说是与产业机器人的研制进行的。只是到了后来，一些国家才研制出一些较为实用的初级智能机器人，如配有简易视觉和操作臂的手眼系统，已开始在机械

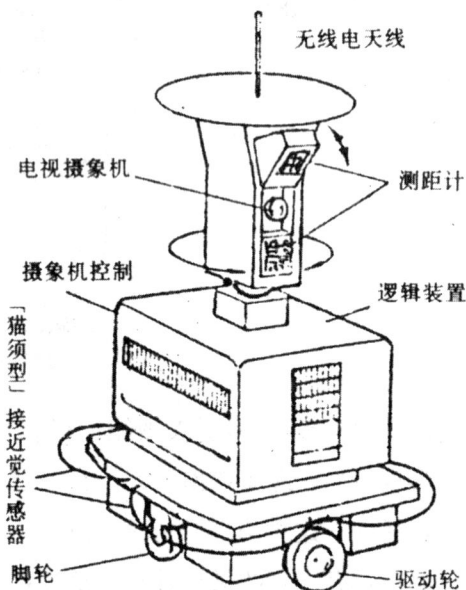

无线电天线

电视摄象机

测距计

摄象机控制

逻辑装置

「猫须型」接近觉传感器

脚轮

驱动轮

装配、产品检验、集成电路压焊等方面应用。更高级的智能机器人除了具有普通机器人的功能外，还有感觉识别、理解和决策能力。例如可利用视觉、触觉来判定简单物体的形状大小、软硬和轻重等，以决定是做某种操作加工，还是回避等。现代以感觉信息为基础的智能机器人正向以知识为基础的知识型机器人的方向发展。

机器人发展的前提条件是计算机技术、自动控制技术以及对人的智能，人的思维和大脑研究的充分发展。机器人的发展过程同时也就是这些有关科学的发展过程，反过来，机器人的发展也促进了这些有关科学的发展。

随机器人的发展，机器人也应用到越来越广泛的领域。为此，人们研制了各种专用机器人，如搬运机器人、起重机器人、焊接机器人、喷漆机器人、装配机器人、饲养机器人、喷药机器人、除草机器人、水下机器人、移动机器人、医疗机器人、服务机器人、军用机器人等等，是一种新式的水下机器人。在有关的工作领域里它们是远胜于人类的。

机器人越发展，其"智能"也就越高，就前述由塞缪尔开其端的博弈机——下棋机即下棋机器人（当然还须安装视觉传感器和"手"才行）来说，后来有了极其显著的发展。

美国每年都要举办国际象棋锦标赛。而 1970 年的比赛却别具风格——请了几位机器人棋手（当时还只是计算机形式）参赛，此举深受公众支持，于是有关部门决定此后每年都有机器人选手参加国际象棋锦标赛。

1979 年在底特律市的锦标赛上竟有 12 名机器人选手参赛，当时仍是计算机形式，这已使观众如痴如狂了，机器人选手也不负重望，最扣人心弦的是国际象棋大师利维和机器人"象棋 4.9"的比赛，比赛中险象环生，直到进入第 50 回合，利维才险胜"象棋 4.9"。1980 年，塞缪尔所在的卡内基——梅隆大学忽发奇想，宣布设立一个奖金，奖给战胜

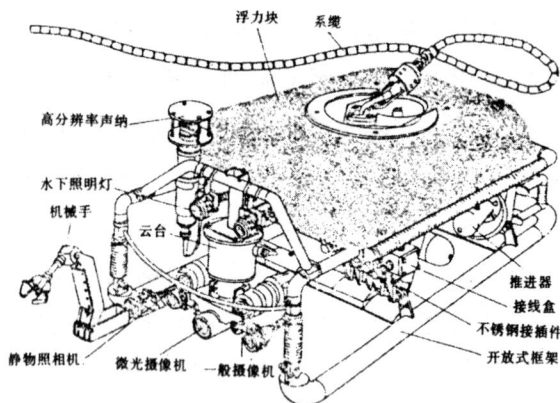

国际象棋冠军的机器人的程序设计者。同时，该大学的一位计算机专家伯林纳宣称："我确信，在 2000 年之前，肯定会有人来领奖！"此后不断见到机器人棋手向象棋大师挑战的消息。1987 年，在美国加利福尼亚长滩举行的一次国际象棋大赛中，前世界冠军挑战者、特级大师本特·拉尔申被机器人棋手"深思"击败，这次大赛，"深思"和特级大师迈尔斯并列冠军。一年以后，"深思"击败了迈尔斯。并且后来与许多国际特级大师打成平手。1990 年，美国棋联按国际象棋等级标准估算"深思"是 2552 分，世界冠军卡斯帕洛夫为 2780 分，我国特级大师，1991 年世界冠军谢军为 2480 分。"深思"的运算速度可达 10 亿次/秒。世界冠军卡斯帕洛夫是不相信机器人能击败世界冠军的。但 1994 年 8 月，在英国伦敦举行的一次比赛中，卡斯帕洛夫竟输给了一个英国机器人棋手"奔腾天才"，不过一年以后，1995 年 5 月 20 日，在德国克隆的一次比赛中，他又击败了"奔腾天才"，如报上所说，"为人类挽回面子"。1996 年 2 月，卡斯帕洛夫又与美国 IBM 公司花 6 年时间研制的超级机器人棋手"深蓝"进行了一场"世纪性人机决战"，结果卡斯帕洛夫以三胜二和一负的战绩获胜，机器人仍不是人的对手。不过，似乎伯林纳的预言在逐渐被证实——到本世纪末还有 5 年！

在人们认为属于高智能活动的下棋方面，机器人的"智能"正在赶上并似乎能超过人类。在其他方面呢？计算方面早已超越了人类，在全面考查的智能方面呢？

人工智能悖论

人能不能创造出在智能方面赶上或超越人自身的机器人（人工智能）来呢？这个问题引起了极大的争论，争论包括哲学方面的、社会学方面的，逻辑学方面的、数学方面的、计算机科学方面的等等，现在也没取得一致的意见，似乎也不可能取得一致的意见，而这种争论则促进了各有关学科的进一步的发展。

一个比较聪明的回答是：既不要说人工智能不可能干什么，又要相信人的认识和创造力具有至上性（或无限性）。这当然很全面，但免不了使我们陷入一个悖论之中：

人类能不能创造出一种在智能上赶上或超过人自身的人工智能？

如果回答说："能"。那么人的认识和创造力就不具有至上性，因为他造出来的东西已赶上和超越了他。

如果回答说："不能"。那么人的认识和创造力也不具有至上性，因为他竟有创造不出来的东西！

高温超导之谜

1987年3月19日，美国各大报都发了这样一则电讯：

"1987年3月18日下午5时，纽约中央车站旁的希尔顿大酒店显示出一种奇怪的迹象：3千多人守候在只有1150个座位的大厅门前，而此时离'节目'开始还有2个半小时。不知道内情的人以为这又是摇滚乐歌手的演出。但令人诧异的是：除了青年之外，其中还不乏德高望重的老头，有的还带着夹肉面包或三明治。当大厅的门终于打开时，这些人竟像顽皮的孩子一样奔去抢位置，所有西方绅士的矜持或礼貌都一扫而空。有一个人在汹涌的人流中喘息着说：'我想我们都疯了。'还有一个人一面用肘推开别人，一面毫不脸红地说：'我是来看历史性事件的。'"

什么"节目"能使这些温文而雅的绅士们"老夫聊发少年狂"呢？竟然是美国物理学会年会的一次关于"高温氧化物超导体"的讨论会！与会者都是教授、学者、科技工作者。会议从下午7时半开始，一直持续到次日凌晨3时半。要不是马上有人要用会场，肯定有很多人还想继续讨论下去。

10天之后，日本应用物理讲演会在东半球的早稻田大学召开，在其中的"高温超导"小组会上再一次出现热烈的场面：讲演直拖到晚上11点多，700座位的会场不够用临时又开辟了一个，所有的走廊里都有电视记者。会上人们争先恐后地发言，后来竟发生了热烈的争论以至于争吵！

如此吸引人，如此热烈的学术会议，即使在美国和日本这样重视科学的地方也是十分罕见的。"高温超导"怎么会有如此魔力呢？

超导电性的发现

现在，我们的生活离不开电，如电灯、电话、电视机、电冰箱、电扇、电车……无不是用电器，而电则是用电线由发电厂引到用户家中的。电线由导体制成，导体则是善于传导电流的物质。一般地说，导体中存在大量可以自由移动的带电微粒，称为载流子。在外电场作用下，载流子作定向运动，形成了电流。金属一般都是良好的导体，它们的电导率（导电性的量度）很高，常态下电导率最高的金属是银，其次是铜，再次是铝，由于银很昂贵，所以，一般的电线常用铜或铝制成。

导体能导电，但并非对电流没有一点阻碍作用，这种阻碍作用称为电阻。物质的电阻与其所处的状态有关，而在相同的条件下，电阻只与物质自身有关，一种物质的电阻率＝1/电导率，所以电阻率与电导率一样都是表征物质导电性的特性参数。导电性最好的物质也就是电阻率最小的物质。常态下电阻率最低的金属是银，其次是铜。20℃时银的电阻率为 1.59×10^{-8} 欧姆·米，铜的电阻率为 1.74241×10^{-8} 欧姆·米。

电阻对于电线输电来说是一种额外的耗费，人们一直在为降低电线的电阻而努力，一方面是寻找电阻率更低的导体，一方面是使导体处于更有利于导电的状态。为理解这两个努力方向，先考察一下关于导体导电和产生电阻的经典理论，以金属导体为例。

金属导体内有原子的外层电子形成的自由电子和失去外层电子而形

成的正离子（叫"原子实"）组成的晶格点阵，自由电子可以在导体内自由运动，它们就是金属导体中的载流子。无外电场时，金属导体内的自由电子作杂乱的热运动，就像气体中的分子一样，从而在金属的任何方向上都不显电流。加上外电场后，自由电子就向电的正极方向（即逆着电场方向）发生"漂移"，一方面仍作无规则的热运动，另一方面逆着电场作定向运动，形成宏观电流。此时自由电子的漂移速度较小，如直径为 1 毫米的铜导线中通过 1 安培电流时，自由电子的漂移速度仅为 0.1 毫米/秒，而自由电子的热运动速度倒是相当可观的，20℃时可达 1.5 米/秒。不过在电路接通时，电场是以光速传播的。所以在整个电路中几乎同时建立起电场，电路中各点的自由电子几乎同时开始沿着逆电场方向发生漂移运动，因此立即出现电流。

同时，电子的无规则热运动，将引起电子间的碰撞；在一定的温度下，金属原子实点阵也要发生振动，振动的原子实对自由电子产生散射作用。这些都阻碍电子的定向运动，它们的宏观效果就是电阻。显然，温度越高，振动越剧烈，原子实碰撞从而引起自由电子的散射越强烈；同时，材料内部含有的杂质原子等引起的点阵缺陷也将使振动加剧从而使散射增强。可见导体的电阻会因温度的升高而增大，杂质等品质缺陷也使电阻增大。这一理论指导了人们降低电阻的努力方向——一是选材，选电阻率低且无结构缺陷的材料；二是降温，以减少点阵的热运动，从而减少电子的散射。对同一种材料来说，降温可以降低电阻，如果极大地降温能否极大地降低电阻呢？这就是相当时期中人们所面临的问题。

人们对低温的探索却并非直接导源于降低电阻的需要。它们是热力学的研究成果。18 世纪起，人们就开始了气体液化的探索，首先是荷兰人马伦（M. Marum）将氨液化，1823 年，法拉第（M. Faraday）制成了液态氯，随后又制成了硫化氢、氯化氢和二氧化硫等的液体。但相

当时期以来，液化氧、氮、氢等气体的努力却无结果，以至于许多科学家开始认为这些气体可以说是真正的"永久气体"了。直到1877年，德国盖勒德（L. P. Cailleter）和瑞士毕克特（P. P. Picte）才各自独立地液化了氧气，1898年英国人杜瓦（J. Dewar）实现了氢的液化，分别达到了90K和20.4K（K指开尔文（Kelvin）温度，0K标志绝对零度，为-273.15℃，0℃为273.15K，100℃为373.15K），次年，他又实现了氢的固化，达到了12K的低温（-252℃）。这样，在20世纪到来时，尚未液化的气体只剩下最顽固的氦了。

气体液化的最后冲刺是荷兰物理学家开默林—昂内斯（H. Kamerlingh—Onnes）完成的，1908年，他达到4.3K的低温，获得了60毫升液氦。次年，他取得更低的温度。从此气体、液体之间的界限消失了，低温物理学进入了一个新阶段。

人们在努力液化气体时取得了越来越低的温度，因而，同时也开始了对低温下物质的性质进行研究，例如，金属导体的电阻将如何变化？这就来到了我们前文所述降低电阻的话题上了。按前述那种导电的经典理论，温度越低，晶格点阵中的原子实的振动越小，电子的热运动也越少，从而电子在电场下的有向运动将顺利进行，因而电阻将减小。那么当温度降至极低，比如接近绝对零度（1912年，能斯特［W. Nernst, 德国］指出："不可能通过有限的循环过程，使物体达到绝对零度"——此即热力学第三定律）时，金属导体的电阻会怎样变化呢？按前述经典理论推导，将有两种可能：一、接近绝对零度时，因金属中自由电子和原子实热运动的充分减弱而使电阻剧减，在绝对零度时，电阻消失；二、金属电阻随温度降低而减小，但有一个极小值，达到此值后温度再降低，则电子将重新凝聚在原子上，自由电子急剧减少，因而电阻将重新增加，而在达到绝对零度时，电子不再能自由移动，此时电阻亦为无限大。

开默林—昂内斯用实验来探讨这一问题，1911 年，他发现纯的水银（汞 Hg）样品在低温 4.22—4.27K 时电阻消失。在排除了其他可能之后，他确认了这是低温引起的，并创用"超导电性"一词来表述这种低温下电阻消失的现象。这可以说是超导物理学的起步。最初，正像许多科学的起步概念一样，人们对它的理解并不全面。例如，有人认为这种电阻消失仅是个别金属（如汞）在低温下的特殊现象。但后来，开默林—昂内斯又以锡、铝，甚至不纯的汞、铅等为样品都发现了超导电性。随后，越来越多的物质被发现在一定的低温下表现出超导电性，以至于后来，在一定的意义上甚至可以说，物质在低温下出现超导电性是一种比较普遍的"正常现象"。开默林—昂内斯则"由于他对低温下物质性质的研究，并制成液氦"而获 1913 年诺贝尔物理学奖。

超导电体的奇妙性质

在极低温度下，导体表现出超导电性，可以说它已成了超导电体，超导电体表现出十分奇特的性质。

超导体由正常态转变为超导态的温度称为临界温度 T_c，超导体只有在低于临界温度 T_c 的条件下才表现出超导电性。

超导电体的头一个特性当然就是电阻为 0 即完全导电性。这就产生了许多奇妙的现象。例如将一金属环放在磁场中，突然撤去磁场，在环内就会产生感生电流。金属环具有电阻 R 和电感 L，由于电流在电阻上的热效应，感生电流将很快衰减到 0，衰减的速度与 L/R 的值

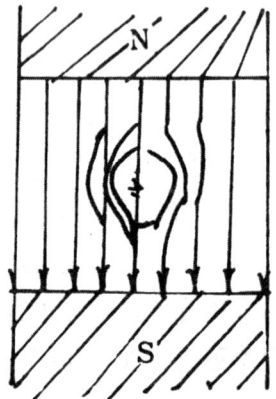

有关，这一比值越小，衰减越快。如果圆环是超导电体制成的。则 $R=0$ 而 $L\neq0$，因而电流就可以毫无衰减地维持下去，这种不衰减的电流可使圆环在一磁场上悬浮起来。对超导体环中通过的电流的测定表明，样品铅的电阻率可小于 3.6×10^{-23} 欧姆·厘米，只是铜在室温下的电阻率的 $\dfrac{1}{4.4\times10^{16}}$，这表明超导体的电阻的确为 0。

超导体的导电还有这样一个特点，当外加电流达到某一电流 I_C 之后，再加大就会破坏超导体的超导状态，使之变回到正常态。

超导体的另一特性是磁力线不能穿过它的内部，即超导体处于超导状态时，其内部的磁场恒为 0，也就是说，处于超导状态的超导体是一个完全抗磁体。这一特点叫迈斯纳效应，是迈斯纳（W. Meissner）等人于 1933 年发现的。这与人们原来设想的 0 电阻、无穷电导的理想导体是很不一致的。对于一个理想导体来说，其内部的磁场与历史有关，若先冷却理想导体的样品至 T_C 以下，再加外磁场，则由于开始时无磁场，样品内部磁场 $B=0$，则加外磁场后 B 也为 0，即出现抗磁性。但若改变操作程序，先加外磁场 B，再将样品冷却到 T_C 以下，则由于开始时样品有外磁场，样品内部 $B=$ 常数 $\neq0$，因此以后 B 也不为 0，磁力线可穿过样品，无抗磁性。但实际的超导体的迈斯纳效应表明：超导体进入超导状态时会排斥出磁力线，内部磁场 B 恒为 0，与历史无关——超导体是完全抗磁体，见下图所示。

就抗磁性来说，超导体还有一重要特性：对特定的超导体，只有外加磁场小于某一量值时，才能保持超导电性，一旦超出这一量值，就会破坏超导态，使之变回正常态。使导体由超导态变为正常态的磁场称为临界磁场 H_C，其大小满足公式

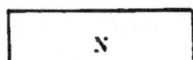

$$H_C\ (\mathrm{T})\ =H_0\left[1-\ (\frac{T}{T_C})^2\right]$$

其中 T_C 是无外磁场时的临界温度, H_0 是 $T=0\mathrm{K}$ 时的临界磁场。

电阻是 0,内部磁场为 0,即完全导电性和完全抗磁性是超导电体的两种非常奇妙的性质,它们导致了超导电性和超导体的许多应用。

初步的理论探讨

发现超导现象,并且发现了超导体具有上述奇妙的性质之后,人们除了在实验上继续探索之外,还不断地进行理论探讨,试图从理论上对超导现象和超导体的性质作出解释,从而可以在理论的指导下发现更多的超导体,并充分运用超导电性。

在 30 年代以前人们建立了若干理论尝试,但先后都失败了。例如,布洛赫(F. Bloch)在 1928 年提出一个以他的名字命名的定理,成功地建立了金属正常导电理论(本文前面所述经典理论即此)之后,马上着手探讨超导问题,虽然经过艰苦的努力,最终却不但没有推导出可理解的答案,反而提出"超导电性是不可能的"这样的结论。

30 年代初,荷兰人戈特(C. J. Gorter)和卡西米尔(H. B. G. Casimir)提出了一个"二流体"模型来解释超导现象,这个模型认为,金属内部有两种流体即正常流体和超导流体,它们的相对数量随温度和磁场而变化。正常流体导电性与金属中的电子"气"相同,能被晶格散射,而超导流体在晶格中运动自如,不受晶格散射。当金属处于低于临界温度的状态时,所有的电子都凝聚为超导态了,这时金属中只有超导流体工作,表现出电阻为零的特性。这一理论可以说是超导现象的热力学理论,比较好地解释了超导体的热力学性质如临界磁场和

温度的关系等，但是无法解释超导体的电磁性质。

1935年，英国伦敦兄弟（F. London 和 H. London）在二流体模型的基础上，建立了描述超导体的电动力学方程，一般称之为伦敦方程，它们的形式如下（这里具体列出此方程只是为了向读者展示一下它们的模样，不感兴趣的读者可以略去，不影响阅读本书以下的部分）：

$$\frac{\partial J_B}{\partial t} = \frac{C_2}{4\pi\lambda^2} E \tag{1}$$

$$\nabla \times J_B = -\frac{C}{4\pi\lambda^2} H \tag{2}$$

式中 J_B 为超导电流，C 是光速，$\lambda = \sqrt{\dfrac{mc^2}{4\pi n_s e^2}}$，称为伦敦穿透深度，$n_s$ 是超导流体的密度，m 为电子质量，e 为电子的电荷。由方程（1）可推出有超导电流时电阻率为0，即（1）式反映了超导体的完全导电性；由（2）式可推出在超导电体附近，磁场按指数衰减，而在超导电体内部，磁场为0，反映了超导电体的完全抗磁性。但实验结果与伦敦方程不尽相符，所以后来许多人又对这种"二流体"模型和伦敦方程作了不少改进工作。

以上这些理论解释了超导体的一些特性。它们一般被称为"唯象理论"，即它们不是按"由对对象的理论思考抽象出一般的原理，再由一般原理出发推导出可观测事实"这样的标准科学方法进行的，而是事先作出某些不需要证明的"工作假定"（如"二流体"假定）并在此基础上推论出一种描述宏观物理现象而未涉及其微观机制的理论。

诺贝尔奖

尽管上述唯象理论取得了某些成功，但人们并不满足于对超导现象只作宏观的理解，一定要进一步探讨其微观机制，同时一定要探讨一般的原理及由一般原理出发作种种可观测的实验。这种完善理论的需要也是科学发展的动力。

要阐明超导的微观机制，就必然要处理大量的实验事实。而这些事实表明。金属的超导电性的产生是电子气状态的变化所引起的；实验还表明，金属一旦变成超导体，则其体系的能量要降低，显然电子间的电斥力（同性电相斥）不能导致体系能量的降低，相斥表现出一种势能，如果电子间有某种相互吸引的作用，则可导致体系能量（势能）的降低，不过电子间的吸引作用从何而来呢？要使两个电子相互吸引，就要求这个吸引力大于电子间同性电的斥力，因而这种吸引力必须来自其他间接机制。显然这里需要一种量子力学解，但是，这是怎样的解呢？由于超导问题的高度复杂性，全面理解它还需要一系列深入而全面的实验，而这些必要的实验的条件不是一下子就具备了的，所以超导微观机制的理论的形成经历了漫长的历程。由于这种种困难，以至于超导微观理论的研究长期被人们称为"理论物理学的耻辱与绝望"。

1950 年出现了转机，美国的德籍学者弗勒利希（H. Froelich）首先提出了解决超导微观机制的一个重要思想：电子与晶格振动（声子）之间的相互作用导致电子间相互吸引是引起超导电性的原因。可以这样想：当一个电子经过晶格离子（原子实，见前）时，由于异号电荷的电吸引作用，会在晶格内造成局部正电荷密度增加，这种局部正电荷密度的扰动会以晶格波动（振动即声，所以称为声子）的形式传播开来；它又会影响电子，在一定条件下，两个电子通过晶格便会实现相互吸引。同一年，麦克斯韦（E. Maxwell）等人又发现，超导金属的各种同位素的超导转变温度 T_c 与同位素原子质量 M 之间存在这样一种关系：

$$T_c \propto M^{-a}$$

$\propto$ 表示"正比于"，对一般元素来说 $\alpha \sim \frac{1}{2}$。即

$$M^{\frac{1}{2}}T_C = 常数$$

这称为同位素效应。同位素的质量主要来自它的离子核心即晶格的质量，因而同位素效应表明，晶格的动力学性质对超导电性有重要的影响。从而进一步肯定了电子和声子的相互作用是决定超导转变的关键因素。使人奇怪的是，在正常状态的金属中，电子与晶格振动（声子）的相互作用（如本文前举"经典理论"所述"散射"）本来是导体中产生电阻的原因之一，人们的确难以想象它在超导电性中竟然发挥了重要作用。

1955 年，美国物理学家巴丁（J. Bardeen，这是一位成就甚巨的学者，他 1947 年发现晶体管效应，并发明了第一个半导体三极管，这一发明使他成为 1956 年诺贝尔物理学奖的获奖人之一）邀请精通场论的库珀（L. N. Cooper）和他的研究生施里弗（J. R. Schrieffer），共同开展超导微观理论的探讨。

1956 年，库珀利用量子场论方法从理论上得出两个特殊电子能结合成对。这种电子对后来就被称为"库珀对"。库珀对的概念取得很大的成功。次年，巴丁、库珀和施里弗根据基态中电子配对作用，共同提出了超导电性的微观理论：当成对的电子有相同的总动量时，超导体处于最低能态。电子对的相同动量是由电子之间的集体相互作用引起的，它在一定的条件下导致超导电性。电子对的集体行为意味着宏观量子态的存在：这是第二个成功的超导微观理论。现在人们习惯取这三个学者名字的首位字母，称这一理论为 BCS 理论。BCS 理论解决了半个世纪以来的超导电性的难题，被誉为"自从量子论发展以来对理论物理学最重要的贡献之一"。为此，巴丁、库珀和施里弗三人共获 1972 年诺贝尔物理学奖。其中巴丁是第二次获诺贝尔物理学奖，在同一个研究领域

（固体物理）内，一个人两次获诺贝尔奖，巴丁为第一人。

由 BCS 理论取得的一个重要成果是所谓"约瑟夫森效应"。

依据量子力学，在一定的条件下，能量不怎么高的粒子可以按一定的概率穿过能量很高的势垒，这就是所谓"隧道效应"。按此，如果两个超导体之间夹有一个很薄的绝缘层的话，就应有电子穿过这个绝缘层（一个"势垒"），从一个超导体进入另一个超导体中。1959—1960 年，美国物理学家贾埃佛（L·Giaevre）通过实验在超导体—绝缘层—正常金属和超导体—绝缘层—超导体这两种结构中观察到电子的隧道效应。不过，贾埃佛观测到的仅是"单电子"的隧道效应，而按 BCS 理论，超导体中，电子是两两成对的，那么库珀对是否能像一个"粒子"那样产生隧道效应呢？人们一度认为这种可能性极小，直到约瑟夫森对此作出新的论述。

约瑟夫森（B. D. Josephson）是美国人，1961 年正在剑桥读研究生，60 年代初，在前人从理论上计算出超导体—势垒—正常金属结构中的隧道电流的基础上，他用 BCS 理论计算出：在一定的条件下，两块超导体间的绝缘层可以成为一个"弱"超导体，库珀对可通过这个弱超导体而出现电子对的隧道效应，因而在零电压下可以有一直流电流通过两个超导金属中间的薄的绝缘势垒，当势垒两边施以直流电压 V 时，就会有交流电流经过势垒。约瑟夫森是用 BCS 理论计算得出上述结论的，因而只是一个重要的理论预言。这时，他才 22 岁。很快，人们以实验证实了约瑟夫森的预言，于是，上述结果就称为"约瑟夫森效应"，由于这一效应，创立了一门新的学科——超导电子学，为此，约瑟夫森与贾埃佛等共同获得 1973 年的诺贝尔物理学奖。

超导领域的研究成果，接连两年获诺贝尔物理学奖，可见这一领域正是人们所关注的、作为研究热点的科学前沿领域。

广泛的应用前景

随着超导理论的奠基，超导体的应用立刻提到日程上来了。超导电体的两大特性——零电阻和完全抗磁性——使之有广泛的应用前景。仅是用超导体输电导致的节能效果就够诱人的了。

首先得到应用的是超导体的约瑟夫森效应，技术上把能产生约瑟夫森效应的结构叫做约瑟夫森结构。一般用它们组装成电子元器件，作为测量器件时可达到极高的精度，表1为测量某些物理量可达到的精度。按这种精度，可以用它们作电压标准、磁强计、伏特计、安培计、低温温度计，以及毫米波、亚毫米波的发射源、混频器和探测器等。它们都具有灵敏度高、噪声低、功耗小和响应速度快等优点。特别应该指出的是，这些优点使约瑟夫森结制成的器件在计算机中表现得更为突出，例如，具有开关速度快——可达几微微秒的速度，比高速硅集成电路快几百倍；功耗小，为硅集成电路的 2000 分之一，可更大规模地提高集成度，从而极大地缩小计算机的体积。实际上，现在已发展起以建立高灵敏的电子测量装置为目标的"超导结电子学"。此外，用于测量磁场的传感器如直流超导量子干涉器件（DCSQUID）和射频超导量子干涉器件（RFSQUID）也都是利用约瑟夫森结制成的。

表1

物理量	磁场	磁通量	电流	电压	位移	加速度	电磁能
分辨能力	10^{-11} GS	10^{-11} GS·cm	10^{-9} A	10^{-15} V	10^{-13} cm	10^{-12} g	10^{-34} W

超导体的另一项应用在于它的电磁特性，例如，它的电阻为零，因而在很细的导线上能通过很大的电流，从而能产生很强的电磁场。这种

强磁场可用于粒子加速器上，利用超导电磁铁的加速器可以节约大量电力，如芝加哥费米实验室用了 1000 多块超导磁铁，每年可节约电费 1.85 亿美元。超导电体的完全抗磁性也有较大的作用，例如用于研究可控核聚变的托克马克装置，由于超导体具有完全抗磁性，对等离子体的约束更为有效，因而人们认为，超导体的采用使人们向可控核聚变又前进了一大步。还可以用于制造磁悬浮列车，利用完全抗磁性，把整列列车悬浮在铁轨上，由于无摩擦，可达到极高的速度。

由于电流在超导线圈中不会衰减，所以可以用超导线圈制成电能存储器，现在美、日两国都已有商品出售，美制的是在液氮中工作的电能"罐头"，每个可储电能 200 千瓦小时，效率达 97%，日本的储电罐头直径 1.8 米，储能多达 1 万千瓦小时，可作为飞机、卫星等的能源。

探索高温超导体

超导体有上述十分广泛而重要的应用，但通常超导体的临界温度却是极低的温度，例如几 K 的温度，表 2 给出一些金属的临界温度。

表 2

元素	临界温度（K）	元素	临界温度（K）	元素	临界温度（K）
Rh	0.0002	Zn	0.844	In	3.416
W	0.012	Mo	0.92	Ta	4.48
Be	0.026	Gn	1.1	V	5.3
Zr	0.14	Al	1.174	Pb	7.201
Rn	0.49	Pu	1.4	Nb	7.26
Cd	0.515	Re	1.7		
Os	0.65	Tl	2.39		

这样的低温都属于液氦温区，即只有使用液氦冷却才能达到。而氦在地球上是一种非常稀少的资源，液化氦的设备和技术十分复杂，而且不易随时使用，所以价格十分昂贵。这些困难严重阻碍了超导技术的实际应用。于是千方百计地探索高临界温度的超导体就成了物理学界的重要努力方向，这正是"高温超导"的本意。

首开记录的是德国物理学家艾舍曼（G. Ascherman），他于1941年第一次找到超越液氦温区的超导材料氮化铌（NbN），其 $T_c=15K$。使人意想不到的是这一纪录竟保持了12年之久，表明高温超导的研究又出现了停顿。

1953年，情况发生了转机，美国的哈迪（G. F. Harday）和休姆（J. Hulm）开辟了一条新路，他们发现了一类新结构的材料，即 A_{15} 或 β 钨类结构材料，其中钒三硅（V_3Si）的 T_c 达到17.1K，A_{15} 结构是一个结晶学符号，它代表化学组成一般为 A_3B 的形式的化合物，其中铌（Nb）、钒（V）等周期表上的"过渡元素"为 A 组元，第Ⅲ或第Ⅳ主族的元素或其他过渡元素为 B 组元，V_3Si 中的 Si 为第Ⅳ主族元素。1954年美国贝尔实验室的著名物理学家马赛厄斯（B. T. Matthais）发现了另一种 A_{15} 类超导体铌三锡（Nb_3Sn），$T_c=18.3K$。1957年更制成复杂合金 Nb_3Sn（$Al_{0.75} \cdot Ge_{0.25}$），$Tc=20.5K$。这一方向的工作继有发展，1973年，美国加瓦勒（J. Gavaler）制成铌三锗（Nb_3Ge），$T_c=22.3K$，接着贝尔实验室的泰斯塔迪（L. Testardi）又将此 T_c 提高到23.2K。人们希望按此发展下去，能很快将 T_c 提高到液氖温区（30K左右），然而，进一步的努力没有取得成果，1973年之后高温超导的探索又出现了13年的徘徊。

1986年，一个新的重大突破出现了，这次人们发现的是一种……金属氧化物！这是很令人奇怪的，因为金属氧化物一般情况下都不是导体。实际上，人们在60年代就已发现，某些氧化物在低温下可以变成超导体，如马赛厄斯在 1967 年曾发现氧化铅钨（Pb_2WO_3）的超导特性（$T_C = 6.55K$），1973 年约翰斯通（D. C. Johnston）发现 $Li_{1+x}Ti_{2-x}O_4$ 的 $T_C = 13.7K$，但这些温度并没引起人们的注意。倒是由氧化物成为导体，甚至成为超导体这一点没有任何理论可解释的情况引起了若干学者的思考，有些人开始在这方面进行探讨，一个意想不到的情况出现了。

1986 年，国际商用机器公司（IBM）苏黎世研究所的缪勒（K. A. Muller）和柏诺兹（J. G. Bednorz）向德国出版的《物理学杂志》递交了一篇论文，题目为"在钡镧铜氧（Ba－La－Cu－O）系统中可能存在的高 T_C 超导电性"，指出此种物质的超导起始转变温度为 35K，由于他们尚未对样品的抗磁性进行观测，也出于谨慎，他们只指出"可能存在"。此文于 1986 年 9 月发表，最初并没引起人们的特别注意。这是可以理解的，因为过去报告高温超导的不可确证的事件太多了，以至于一位有名的物理学家曾说过这样的话，"从过去的记录来判断，不论何时有人宣布得到了异常高的 T_C，会有 99% 以上可能是不对的"。不过这一次是真的突破，很快，重复出上述结果并测到抗磁性的报告接踵而至。先是 1986 年 11 月，日本东京大学的学者证实了 IBM 所指出的超导电性，12 月，美籍华裔学者朱经武等报道了 $T_C = 52K$ 的结果，中国科学院的赵忠贤等人获得 $T_C = 48.6K$ 的超导材料，并观察到 70K 超导的迹象。1987 年 2 月 15 日，美国国家科学基金会宣布，朱经武等获得 T_C 为 98K 的超导材料；2 月 24 日，中国科学院宣布，赵忠贤等人发现 Ba－Y－Cu－O 系统为液氮温区的超导材料，起始转变温度为 100K，93K 出现抗磁性，78.5K 出现零电阻。液氮温区实现超导有重大意义，一方面氮在自然界比氦多得多便宜得多，另方面制冷也方便得多，因而为超导的大规模实际应用开辟了道路。这些都充分证明了缪勒和柏诺兹的发现之功。1987 年他们两人共获诺贝尔物理学奖。做出成果不足一

年即获奖，这在诺贝尔奖中也是罕见的，说明了科学界对高温超导的热切期望。在获奖仪式上，他们引用了一个图表，说明了探索高温超导的历程。至此，高温超导成了世界性的热点，它使前述超导的应用前景有可能真正实现，于是出现了本文开头描述的"高温超导"热。这种热至今仍在持续，不时可见高温超导得到应用的报道，如 1995 年，美国一

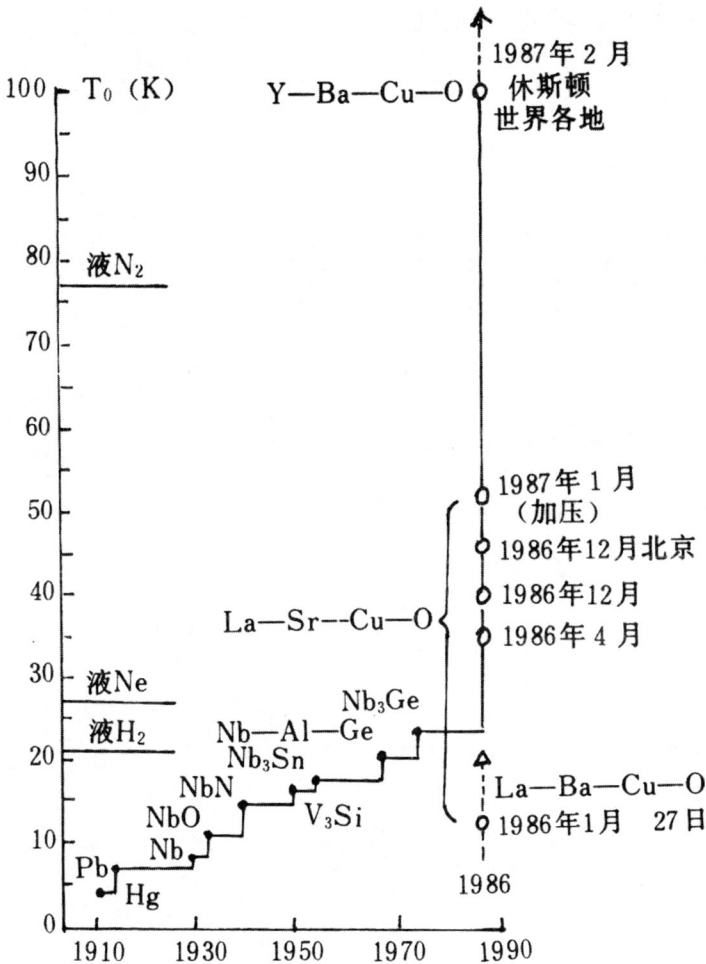

家公司制成了在液氮条件下工作的 $T_1B_2Cu_3O_7$ 超导体为转子的电机，其直径为 6 厘米，功率有 19 瓦。当然，关于高温超导，也留下了许多未解之谜，其首要的就是其理论机制是什么（BCS 理论无法解释高温超导特别是氧化物超导的现象）？许多人，尤其是多名诺贝尔奖的得主各自提出了自己的理论，但都面临一些困难因而未获公认。此外，像"超导 T_c 有无上限？""何种材料有更高的 T_c？""有无室温下的超导体？"这些都是尚未获解决的问题。

"相互作用"统一之谜

我们面对的自然界，是一个有多种多样物质的大千世界。各种物质——从宇观星系到微观粒子——相互联系、相互作用，构成了这个千变万化的世界。认识物质间的各种相互作用，是人类认识世界的一个极重要的环节，而这种相互作用，物理学上就叫做力。对各种相互作用的认识就是对自然界及其规律的认识，这种认识过程也表现为不断地统一地理解各种相互作用的努力。

物质的层次结构

从人类现在的认识水平来看，自然界多种多样的相互作用都可以归结为四种基本的相互作用。它们是：引力相互作用，电磁相互作用，弱相互作用和强相互作用，有时也简称为万有引力、电磁力、弱力和强力。由于这些相互作用都有个作用范围的问题，而作用范围则是由物质的层次结构所决定，所以要了解人们对四种相互作用的认识，还必须先了解一下自然界物质的层次结构。

所谓物质的层次结构，指的是自然界物质存在的普遍形态，它组成了按空间尺度和质量大小等特征排列的、有质的差别和从属关系的物质

结构序列。任何一种物质都处于一定的物质层次之中，同时其内部又都包含较低一级的物质层次。人类对物质层次结构的认识是随科学技术的不断进步而发展的。现代的认识如下图所示。

引力相互作用

引力相互作用是具有质量的物质之间的普遍具有的一种相互作用，它在自然界普遍存在，无论是宏观物体还是微观粒子，凡具有质量即存在引力作用。

引力是所谓"长程力"，即可以在宏观尺度的距离中起作用，其力程（力的作用半径）可达"无穷远处"，从而表现为宏观现象。当然在微观距离中引力也起作用，不过引力在自然界的四种相互作用中是最弱的，远小于强、弱及电磁相互作用，因此在研究微观粒子的物理规律时一般可不考虑。按照爱因斯坦（A. Einstein）的质能公式

$$\triangle E = \triangle mc^2$$

能量的增加将伴随着质量的增加，从而使引力作用加大，在极高的能量之下，引力可能增强到可与电磁力相比的程度。

对引力相互作用，人们的认识最早，英国物理学家牛顿（I. Newton）、美国物理学家爱因斯坦对于引力研究作出过卓越的贡献。人们对引力相互作用的最基本的认识是"万有引力定律"，它是牛顿开创的。1687年，他指出：自然界中任何两个质点都以一定的力互相吸引着，这个力同两个质点的质量乘积成正比，同它们之间的距离的平方成反比（称为"反平方律"）如果用 m_1 和 m_2 表示这两个质点的质量，表示它们之间的距离，则它们之间的引力

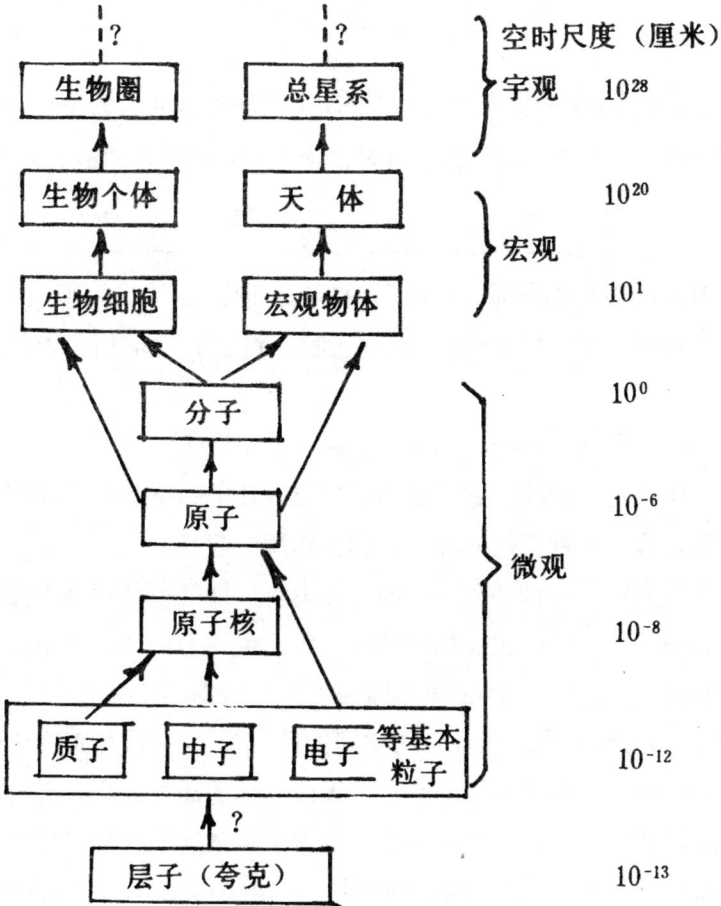

物质层次结构示意图

$$F = G\frac{m_1 m_2}{r^2}$$

式中 G 为比例系数，称为万有引力常数。由于力是有方向的量，用向量表示上式为

$$\vec{F} = -G\frac{m_1 m_2}{r^2}\vec{r_0}$$

式中 $\vec{r_0}$ 是质量为 m_1 的质点指向质量为 m_2 的质点方向上的单位向量。此力是作用在 m_2 上的，负号表示力 $\vec{F}$ 的方向与 $\vec{r_0}$ 相反，即引力，见下图。

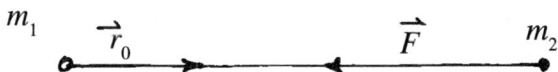

m_1 $\vec{r_0}$ $\vec{F}$ m_2

引力常数 G 的数值依 F、m、r 的单位而确定，1798 年英国卡文迪什（H. Cavendish）通过著名的扭称实验，确定了 G 的值，现代公认的 G 值为

$G =$（6.6720 ± 0.0041）10^{-11} 牛顿·米^2/千克^2

引力作用是由物体同它周围的引力场（任何物体都在其周围时间形成引力场，这是一种特殊的物质）相互作用引起的。

万有引力场是一种辏力场，即有心力场，即是一种对场中任何位置上的质点的作用力始终通过场中某一个固定点的力场，此固定点称为这个力场的力心。指向力心的场力称为引力；背向力心的场力称为斥力（现实中，引力相互作用条件下物体间无斥力）。这一点特别适合于对天体运行的研究，实际上物体的重量、天体运动的动力都是万有引力。万有引力定律奠定了天体力学的基础，揭示了天体运动的基本规律，它也是现代航天技术的先声。根据万有引力定律，1846 年人们由计算发现了海王星，这一科学事实相当充分地验证了万有引力定律的正确性。万有引力定律把天上的力和地上的力统一起来，是人们对自然界相互作用统一认识的第一次成功努力。

那么，万有引力的本质是什么呢？

牛顿并没有解决这个问题，他指出万有引力是瞬时作用的，而且是没有媒介传递的超距的力。这并没有说明引力的机制。

1916 年，爱因斯坦创立广义相对论，才对这个问题有了进一步的

认识。广义相对论认为，物质的分布及运动状态决定着周围时间的"弯曲"程度，也影响着周围空间的流逝。这种"弯曲"的时空又决定其周围物质的运动。这样，爱因斯坦把万有引力归结为由于物质存在而"弯曲"了的时空结构，而以有限速度传递引力作用的引力场就是物质存在的一种特殊形式。因此，万有引力不是瞬时和超距的。那么，传递万有引力的引力场是什么呢？爱因斯坦预言，是引力波。物体作加速运动时会引起其周围力场的起伏，引力场变化会引起空间扭曲，空间扭曲状态向外传播就是引力波。而且，爱因斯坦还指出，引力场也是量子化的，是一份一份发射的引力量子——引力子，由于万有引力是长程力，其力程无穷大，因而引力子的静止质量为零。这自然引起人们探测引力波的努力。但引力波实在太弱了，人们认为，在人的一生中难得遇到一次使从中国到美国的距离改变一个氢原子大小的引力波！尽管如此，人们仍然十分努力地去测量它，70年代末，几位美国科学家经过4年的观测，记录了一个双星系统公转周期的变化，与理论上预言的引力波效应相符，可以说是间接地证实了引力波的存在。同时，人们更加努力于直接观测引力波，但至今未获成功。人们希望通过这种观测，建立一门量子引力动力学理论（QGD）。对引力相互作用作全面论述，并使引力相互作用与其他三种相互作用统一起来。

电磁相互作用

电磁相互作用是带电粒子与电磁场的相互作用以及带电粒子之间通过电磁场传递的相互作用。

在强度上，电磁相互作用次于强相互作用而居四种相互作用的第二位，它是一种长程力，与引力一样，可以在宏观尺度的距离起作用而表现为宏观现象，但在微观现象的研究中，电磁作用也是一种极重要的作用。实际上，原子中电子和原子核之间的吸引力，磁石吸铁的力，以及物质的固、液、气三态中的化学力、粘滞力、表面张力等，归根到底都是电磁相互作用的表现。应该说，在四种相互作用中，人们对电磁相互作用了解得最为深透：对它的规律最为了解。

对电磁相互作用的深入研究，始于英国学者法拉第（1791—1867），他在研究电和磁的过程中，最先提出了场（电场或磁场）的概念。他指出，电荷与电荷之间，磁极与磁极之间，磁铁和通电导线之间，都是通过这种场，才发生相吸或相斥的力学作用的。并且，法拉第运动电力线和磁力线的疏密分布的形象，描绘出场的强弱变化，这种形象化的方法有利于对场的深入研究。"场"概念本身对物理学的发展也有重大意义，如前述，牛顿的力学是以质点运动和力的超距作用为基础的。法拉第提出的场则有不同的性质：电磁作用必须通过带电体或磁体之间的媒质各点的弹性应变而渐次传递，因此就不可能是超距作用，而且场是连续的，与牛顿力学中分立的质点也不一样。"场"的创造，有非同小可的科学意义，前述"引力场"理论是它的一个自然的发展。法拉第对电磁场的研究，着重于实验和"力线"的形象描述，虽然作出极其重大的贡献，但对深入理解电磁作用的规律还是不够的，对物理规律的揭示还需要数学的抽象。这种抽象使人们得出电磁相互作用的理论，这一工作是由另一位英国学者麦克斯韦（J. C. Maxwell，1831—1879）完成的。

麦克斯韦比法拉第小40岁，他从小喜爱数学，早在剑桥大学读书时，就对法拉第的力线产生浓厚的兴趣。他的科学生涯就是从对力线的数学表述开始的。当时已有许多物理学家在探索用数学方法研究电磁作用。麦克斯韦集众家之所长，创造性地提出"位移电流"的概念，从而建立了电磁相互作用理论。它是用一个微分方程组表述出来的。对这一方程的理解涉及较高深的数学知识，我们不准备详细探讨它，但稍微看一下这些方程是什么样子似乎并无坏处。当我们指出通过这些符号构成的式子人们得出了何等重要的成果时，反而能提高我们对数学方法的信心，增强学习数学的勇气：

$$\begin{cases} \dfrac{1}{C^2}\dfrac{\partial E}{\partial t} = \mathrm{curl}B - 4\pi j \\[2mm] \dfrac{\partial B}{\partial 1} = -\mathrm{curl}E \\[2mm] \mathrm{div}E = 4\pi\rho \\[2mm] \mathrm{div}B = 0 \end{cases}$$

式中 C 为光速，E 为电场强度，B 表示磁场强度，j 为"位移电流"，其余为数学符号，我们不作解释了。我们要指出的是，麦克斯韦通过引入 j，联立了 4 个方程，就包含并发展了当时电磁学的 4 大定律——库仑定律、高斯定律、安培定律和法拉第定律——并把它们结合为统一的电磁理论。由这一方程组得出这样一些著名的后来改变了世界的结论：变化的磁场产生电场，变化的电场产生磁场，它们交相更迭，形成统一的电磁场；变化着的电磁场以电磁波的形式向外传播，它们自身携带一定的能量；电磁波的传播速度与实测的光速完全相同。由此，自然得出结论：光也是一种电磁波，光、电、磁本质上是统一的。

麦克斯韦的电磁理论是一个超越时代的伟大理论，也正因为这样，在他生前，他的理论只有极少数人理解，多数人持怀疑的观点。在上一世纪 60 年代提出这一电磁理论后，他是在孤寂和痛苦中度日的，他临终前最后一次关于电磁理论的讲演在伦敦举行时，听众只有两个人！身体尤其是精神状况的恶化，使这位天才 49 岁时就离开了人世。9 年后，德国科学家赫兹用实验证明了电磁波的存在，他实际上是制造出了一个交变电磁场——电磁波。再过 10 年，人类开始用电磁波通讯。正是麦克斯韦理论为人类拉开了无线电时代的序幕，使人类世界的面貌发生了翻天覆地的变化。这一理论把电磁相互作用统一起来，并为爱因斯坦的相对论"提供了雏形"（爱因斯坦语）。正因为如此，与麦克斯韦生前所受到的冷遇相反，他在死后备受殊荣。一位著名的物理学家引用歌德的《浮士德》中的名句来赞美麦克斯韦方程组："写下这些记号的，难道是一位凡人吗？"1979年，麦克斯韦逝世100周年时，全世界都举行了隆重的纪念仪式，肯定了他对人类文明的重大贡献。

微观的电磁作用理论是量子电动力学（QED），它是麦克斯韦理论与量子力学原理相结合的产物。在量子电动力学中电磁均是量子化的光子场，光子的质量为0，自旋为 t

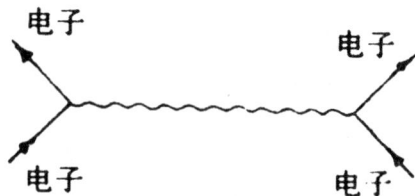

电子　　　　　　　　　电子

电子　　　　　　　　　电子

电磁场的量子（光子）在荷电粒子之间传递电磁相互作用

$(t = \dfrac{\hbar}{2\pi}$，$\hbar$ 是一个常数，叫普朗克恒量)，能量为 $\hbar\gamma$，γ 是频率。带电粒子可以发射和吸收光子，它们之间的电磁作用由光子来传递。正反带电粒子对可以湮没而转化为光子，它们也可以在电磁场中产生。在量子电动力学中，有一个可以代表电磁相互作用强度的"无量纲"（可以简单地认为是无单位的纯"数"）的量

$$\alpha = \frac{e^2}{4\pi\hbar c}$$

其中 e 是电子电荷，为光速。称为精细结构常数，它的值为 $\dfrac{1}{137}$，在量子电动力学中各种量可以按 α 的幂次作展开，因此可以作出精确的计算，计算结果与许多实验结果高度符合。实验结果还表明量子电动力学至少在距离大于 10^{-15} 厘米处是正确的。

在探讨电磁相互作用时，人们发现了一种十分重要的守恒定律，即电荷守恒。其意义为：在某一区域，流出其边界的电荷数一定等于区域内减少的电荷数。这一守恒反映着电磁场具有某种对称性，正与动量、

能量守恒反映着引力场时空的几何对称性相似。但这两者显然是不同的，后来人们把电荷守恒所反映的对称性称为"规范对称性"或称为"规范变换的不变性"。进而，如果每个时空点的电荷都守恒，则说具有"局域"（或"定域"）规范变换的不变性，并且把存在定域规范变换下不变性的场称为"规范场"。

下面用一个"理想实验"为例来说明这种不变性。

设想把一电池与一灯泡相连接，灯亮时，可知有电流从电池的一极流向另一极。这可以解释为灯泡亮了是因为电池两极间有 1.5 伏的电压，电流从高电势极流向低电势极。现在设想用一极大的电池的高电势极把实验所在的整个房间都连起来，使房间中所有的物体的电势都升高 1000 伏。重作前述实验，会有什么变化吗？当然没有，因为电池两端电压仍为 1.5 伏。可以想象，无论房子的电势升高 10 伏或 200000 伏，或降低多少伏，对此实验仍无任何差异。对于电势变换来说，由电池一极到达另一极的电荷是不变的（对相同的时间），即电场是满足规范对称性的。

这一对称性有很重要的意义，它指出，无论我们怎样选取测量的零电势点，我们所进行的电的有关活动都是不变的，它深刻地揭示了这样一点：世界是客观的，不受我们的规定而改变。

现在进一步看，电场是否是规范场呢？设想这样一个实验：你和你的一个朋友在一间屋子的不同部分作实验，现在整个房子的电势升高 500 伏，按前述，对你们并无影响。假如条件变成，你所在的屋子的这一部分电势升高 1000 伏，而你的朋友所在的那部分电势升高 500 伏，就你们各人所在的地方仍是一切照旧，但你们决不可以握手！这就是说，就电场的情况，并不具有定域规范性：电场中的各点作各自的变换时，电荷不能在每个时空点保持守恒。

同样的，磁场也只具有整体的规范对称性而不具有定域规范性。即

电场和磁场都不是规范场。

令人惊讶的是——电磁统一的场——电磁场却是一种规范场。在电磁场中，如果按理论给出的规则调节磁"势"的零点，那么你可以随心所欲地选择你的电势零点而不考虑别人的选择。结果是：由于你自由选择电势零点而引起的变化将严格地由磁势的变化所抵销，各点都保持电荷守恒。定域规范对称性更深刻地表明自然界的运动不受人的规定的限制。因而在寻找新理论时，物理学家一般都是从世界具有定域规范对称性这一基本假设出发，它能排除许多可能的理论，使我们更容易找到一个符合自然界的理论。

定域规范变换常被称为 U（1）定域变换。电磁场就是 U（1）定域规范变换不变性所要求的场，即电磁场为 U（1）规范场。这种场的量子是光子，光子的静止质量为 0，自旋（微观粒子所固有的角动量称为自旋）为 $\hbar$，它是传递电磁相互作用的量子。规范场理论为后来表述其他三种相互作用有极大的"示范"意义，前述量子引力动力学就是移植量子电动力学建立的。

弱相互作用

弱相互作用是一种短程力，它的作用范围（力程）只有 10^{-15} 厘米，是四种作用中最短的，而且其强度也比电磁力弱得多，是一种只在微观世界中起作用的力。

最早观察到的弱相互作用是原子核的 β 衰变，即原子核放出一个 β 粒子或俘获一个轨道电子而发生的转变。放出电子的衰变称为 β⁻ 衰变；放出正电子的衰变称为 β⁺ 衰变。在 β 衰变中，原子核的质量数不变，只是电荷数改变一个单位。为了解释 β 衰变，费米于 1933 年提出了 β

衰变的电子中微子理论（1931 年泡利预言了中微子的存在：一种静止
质量为零、不带电的轻子），认为，中子和质子可以看作是同一种粒子
（核子）的两种不同的量子状态，它们之间的相互转变相当于核子由一
个量子态跃迁到另一个量子态，在跃迁过程中放出电子和中微子。β 粒
子是核子的不同状态之间跃迁的产物，事先并不存在于核内。所以引起
β 衰变的是电子——中微子场同原子核的相互作用，这种相互作用就称
为弱相互作用。这一理论成功地解释了 β 衰变的一些现象，并对 β 衰变
作出定量描述，这是人们首次认识弱相互作用。

后来发现其他一些衰变，如介子、重子、轻子的某些衰变，及中微
子的散射过程中，都有弱力所起的作用。如果用弱作用中的所谓"弱作
用流"来类比电磁作用的电流的话，则表示其强度的相当于电磁作用的
精细结构常数的无量纲量 $Gm_p^2 \sim 10^{-5}$（G 为"耦合常数"，m_P，为质子
质量，～表示"数量级"），它仅为精细结构常数的 1‰，可见真是
弱力。

与引力作用、电磁作用相比较，弱相互作用的一个特点是对称性
较低。

物理学中的对称性常表现为某种物理量守恒，如前述，引力场时空
的几何对称性表现为动量、能量的守恒。物理学中的一些主要规律是一
些守恒定律。物理学家常常可以只根据对某些特殊的物理量的守恒情况
进行分析，就能得出一些重要的结论。如根据能量守恒定律就能得出永
动机是不可能的这样的结论。随着物理学的发展，人们发现了越来越多
的守恒定律，如动量守恒、角动量守恒、电荷守恒等等。在研究基本粒
子时，匈牙利出生的美国物理学家维格纳又提出了"宇称守恒定律"。
所谓"宇称"是指基本粒子的一种左右对称性，即粒子的运动规律与它
的"镜像"粒子（该粒子在镜子中的像）所满足的规律是一致的。每种
基本粒子都有自己的宇称值，宇称值又分两类：奇数值宇称（奇宇称）

和偶数值宇称（偶宇称）。在粒子相互作用形成新粒子时，反应方程式两边的宇称必须相等，就叫宇称守恒。由于宇称值有奇偶两种，根据整数加法，人们立刻得出满足宇称守恒的粒子反应前后粒子的宇称奇偶性只有5种情况，即

奇＋偶→奇十偶

奇＋奇→奇＋奇

偶＋偶→偶＋偶

奇＋奇→偶＋偶

偶＋偶→奇＋奇

这一点在物理学的许多领域如原子物理、核物理、原子光谱分析中一再得到实验的证实，即宇称守恒是在许多情况下经过检验的。

1953年，美国物理学家达里兹和法布里观察到两种介子衰变反应与宇称守恒不合。一个是由1个τ介子衰变为3个π介子；另一个是由1个θ介子衰变成2个π介子。π介子是一种具有奇宇称的介子，由此按宇称守恒来推测，由于奇＋奇＋奇→奇，奇＋奇→偶，所以τ介子应具有奇宇称而θ介子具有偶宇称，所以它们是截然不同的两种粒子。可是，实验又表明，它们具有相同的质量、相同的电荷、相同的半衰期等。人们自然提出问题：这两种粒子的独特表现说明什么？说它们是同一种粒子，它们的宇称又不同，说它们是不同的粒子，那为什么它们除宇称外一切又都相同？人们感到无法解释，这就是50年代初期物理学中著名的τ—θ难题。

这时，著名的华裔美国科学家李政道和杨振宁把注意力转向了τ—θ难题。他们认为，解决这一难题，有两个可供选择的方向。一是坚持宇称守恒，并在它的框架内设法解决；一是走出宇称守恒的框架，换一个视角看。不论按哪个方向探讨，都有必要认真考察一下宇称守恒的问题。他们仔细探讨了宇称守恒问题，得出一个重要的结果：原来，关于

宇称守恒即证实了宇称守恒的实验都是在电磁作用或强相互作用下进行的，至于弱相互作用下宇称守恒并没有任何实验依据，只是人们的一种推广。这一结果使他们找到了选择方向的根据：既然弱作用下宇称守恒没有实验依据，为什么不可以假定它发生了破缺即不守恒呢？以此作为新依据，他们认为 τ 粒子和 θ 粒子其实是同一种粒子，这种粒子可以有不同的衰变反应并在不同的反应中表现出不同的宇称值。

但这一结论也仍然只是一种理论结果，它要求通过实验来检验，尤其是向宇称守恒这样一个似乎与能量守恒具有同样不可移易地位的基本定律挑战，更是需要过硬的实验证据。一位华裔女物理学家吴健雄承担了为李、杨提供实验证据的任务。她按李、杨的理论，设计了一个十分精巧的实验。实验的主要设备是两套互成"镜像"的装置，采取特别处理过的钴 60 作为试样。这种钴 60 因弱相互作用而发生衰变。两套装置中互成"镜像"的核衰变所产生的电子在不同方向上的角分布不同，就表现出明显的左右不对称性，即在弱作用下宇称破缺。这一实验要求极高的精确度、必须有高超的实验技巧才能完成，吴健雄做到了这一点，用清晰的实验图象说明了宇称与弱相互作用之间的内在的联系。τ—θ 难题被解决了，τ 介子和 θ 介子原来真是一种介子，叫做 K 介子。这是对物理学的重大贡献，为此，李政道、杨振宁获 1956 年诺贝尔物理学奖。

李政道和杨振宁的成果揭示了弱相互作用对称性较低的特点，是弱力研究的一个重大突破。但此后进一步建立关于弱相互作用的理论的努力一直少有进展。后来竟是把弱相互作用和电磁相互作用加以统一考虑的电弱统一理论取得了惊人的成果，这一成果是由美国的格拉肖（S. Glashow）、温伯格（S. Weinberg）和巴基斯坦的萨拉姆（A. Salam）等人在 60 年代取得的。

60 年代初的格拉肖是物理学队伍中的一位新秀，他兴趣广泛，在大学读书时学过东南亚历史，法国文学、音乐，还实习过电焊工。这种通才式学习培养了他异乎寻常的想象力。进入研究生院以后，格拉肖师从许温格教授，专攻基本粒子专业，后来他说，他从导师那里学到的最重要的本领是对事物的鉴别力，也就是说，能迅速判定某一问题的学术意义。所以当他开始独立研究后，一下子就看准了力的统一理论，决定投身于这一工作。格拉肖受电磁作用的规范场理论的启发，试图把弱作用也归入一种规范场中，克服了许多困难后，建立了一个电磁作用和弱作用相统一的理论框架。但作为这种场中传递弱力的量子（类比于电磁作用中的光子）必须具有较大的质量，它是什么？

萨拉姆也是许温格的学生，他也独立地进行了弱力的规范场的研究，得到了与格拉肖相同的结果，也遇到了相同的困难，他还进一步提出，怎样才能使传递弱力的粒子具有质量的问题。

1964 年，一位英国物理学家赫格斯受另一位学者把超导理论的方法引入粒子物理的启发，指出可以利用真空的某些性质，使某些静止质量为 0 的规范场粒子获得质量。这一结果引起了正在丹麦玻尔研究所工作的温伯格的注意，他觉得可用来解决格拉肖的困难，于是，温伯格改进了赫格斯的方法，用于格拉肖的理论中，立刻得到突破性进展。与此同时，萨拉姆也采用自己的方法得出相似的结果。这一结果就是弱电统一理论。

弱电统一理论认为电磁力和弱力是同一种力——电弱力——的不同表现形式。电弱力的规范场的传递粒子是四种"规范玻色子"，其中之一是光子，另 3 种是质量较重的粒子，它们分别被称为 W^+、W^-、Z^0 粒子，又统称为"中间玻色子"。弱电统一理论指出，W^+ 粒子带正电，W 带负电，质量都为 80G 电子伏特（$1G=10^9$），Z^0 粒子不带电，质量为 90G 电子伏特。这 3 个中间玻色子是理论的需要引入的，可以说是一个重要的理论假说。弱电统一理论对电磁力和弱力的统一十分成功，是人类又一次统一认识世界的成果，因此，格拉肖、温伯格和萨拉姆三人共获了 1979 年的诺贝尔物理学奖。1983 年人们发现了上述 3 种中间玻色子，质量分别为 81.2G 电子伏特和 92.5G 电子伏特，与论理高度符合，表明弱电统一理论得到了确证。发现中间玻色子的 4 位学者获得了 1984 年的诺贝尔物理学奖。弱电统一理论的成功是物理学上的一个重大突破，但仍存在一些问题。主要是，它不是一个真正的统一的理论，其中要有两个规范场：一个光子场，一个玻色子场，所以仍需要进一步的研究：

强相互作用

这是四种相互作用中最强的一种。最早研究的强相互作用是原子核中的核子（质子和中子）间的核力，它是使核子结合成原子核的力。后来发现一些粒子衰变是由强相互作用引起的，叫做强衰变，强衰变粒子的寿命一般在 10^{-20}—10^{-24} 秒范围内，是一种不稳定的粒子。参与强作用的粒子称为强子，主要有介子，指自旋为 $\hbar$ 的整数倍的粒子，由于它们的质量一般介于电子质量和核子质量之间，所以叫介子（也有个别质量大于核子的），还有重子——自旋为 $\hbar$ 的半奇数倍的粒子，如质子、中子、Ω 粒子等都是。

强相互作用与其他相互作用相比有这样的特点。

（1）强度大，强作用类比于电磁作用的精细结构常数 α $\left(=\dfrac{1}{137}\right)$ 来说，其对应为 e 的量设为 g，则 $g^2/4\pi\hbar c$—10，即强作用比电磁作用强到千倍的数量级。

（2）强作用是短程力，它的力程为 10^{-13} 厘米，大约等于原子核中核子间的距离，这比弱作用的力程约长 100 倍。

（3）有更大的对称性，不仅一般的动量、能量、角动量、电荷等守恒，在弱作用下破坏了的对称性，如宇称也守恒。

（4）强作用在距离缩小（如$<10^{-14}$厘米）时减弱。即更小距离上为弱作用的天地。

由于强作用强度大，所以可观测性较好，人们积累了相当多的观测数据；但另一方面，由于强度太大，在研究电磁作用和弱作用时采用的相当有效的小参数法就不适用了。因此，人们找不到近似的方法，所以一直没有建立起较好的强作用理论。近年来人们由强子的夸克模型和规范场的概念出发提出一种可能的强作用理论，叫做量子色动力学（QCD）。在这个理论中，强作用是组成强子的夸克之间通过一些称为胶子的规范场粒子传递的作用。这个理论对距离变小时强作用变弱这点给以很好的解释，一般认为，这是个较有希望的强作用理论。与之相应的，把拟议中的纯弱作用理论称为量子味动力学（QFD）。注意这里的"色"和"味"只不过是一种比拟的名称，便于分类（如有三种色、六种味等）应用而已。不是通常意义下的色和味。

表1把四种基本相互作用的情况加以总结。

表 1

相互作用	强度	力程 (cm)	寿命 (s)	传递媒介			同粒子间力	举例	理论
				粒子	质量	自旋($\hbar$)			
强	10	$\leqslant 10^{-13}$	10^{-23}	胶子	0	1	斥力	核力	QCD
电磁	$\frac{1}{137}$	无穷远	10^{-16}	光子	0	1	斥力	原子核与电子的吸力	QED
弱	10^{-5}	$\leqslant 10^{-15}$	10^{-8}	$W^{\pm} Z^{\circ}$	80Gev	1	斥力	β衰变	QFD
引力	10^{-45}	无穷远	—	引力子	0	2	引力	重力	QGD

大统一的努力

物理学基础研究的一个重要的方面就是阐明自然界的各种相互作用的性质和规律，人们一直为此而努力工作着。而出于对物质世界的统一和谐的坚定信念和竭力探求弄清事物内在本性的强烈的科学愿望，人们一直追求建立相互作用的统一理论，即从相互作用是由场（及场的量子）来传递的观念出发，统一地描述和揭示四种基本相互作用的共同本质和内在联系的物理理论。

如前文所述，牛顿就开始了这种统一认识自然界相互作用的工作——他统一了天上的力和地上的力。19世纪中叶麦克斯韦的电磁理论统一了电作用和磁作用，建立了几种作用的统一理论。

20世纪初，爱因斯坦把场的观念引入引力理论，创立广义相对论：随即就开始了以统一引力场和电磁场为目标的统一场论的研究热潮，当时人们所认识的只有引力作用和电磁作用两种相互作用。

由于广义相对论把引力场描述为时空的弯曲，很自然地，人们一开始就试图把电磁场也与时空的某种几何属性联系起来，进而与引力场进行统一的描述。当时的理论都以此为中心思想。经过20余年的努力，人们发现所有统一引力场和电磁场的努力都未获成功，虽然不能说无所得——更进一步揭示了引力场和电磁场的特点，推动了微分几何学的发展等，但离人们的初衷甚远。随量子力学的兴盛，物理学界的主要兴趣转入微观领域，引力场和电磁场统一理论的研究30年代末渐渐冷落下来，只有爱因斯坦坚持这方面的研究直至50年代逝世。

50年代，人们认识到强作用和弱作用的存在，于是有人提出更大的统一理论方案，但未获成功。不过与此同时，在电弱统一理论方面却开始露出曙光：最初是杨振宁等人把定域规范不变性推广到定域对称群（1954年）。这就指出规范不变性可能是电磁作用和其他作用的共同本质，从而开辟了用规范变换来统一各种作用的新途径。而后，实验上又发现弱相互作用与电磁作用有很多的共同点。这促使人们认真地研究它们的统一问题。经过许多科学家20年的努力，电弱统一理论获得很大的成功。

在这一成功的基础上，从70年代起，人们很自然地试图在电弱统一规范理论成功的基础上更上一层楼，把强作用甚至引力作用都通过规范变换与电弱作用相统一起来。

首先提出的是所谓"大统一理论"，它是一个试图类比于电弱统一理论的观念和方法来实现强、电磁和弱三种相互作用的统一，数学上看，这不过是把"规范群"推广到包含某种特定子群的一个更大的单纯群的工作。由这一理论可得出这样两个有趣的推论：各种相互作用的强度是随能量而变化的。当能量增强时，强作用渐变弱，而电弱作用则变强，在能量达到大约 $10^{24}\,\mathrm{eV}$ 时，三种作用强度变成相等而统一为一种规范作用（由上述大的单纯群作规范群）；质子是不稳的！它会衰变为别的粒子，其寿命估计为 $10^{31\pm2}$ 年。这两点都没得到证实。而在其他方面，大统一理论取得一些成果，获得了实验支持，并对解释宇宙早期演化问题有重要启示。人们认为，它的一个致命的弱点是其中有些"多重态"的选择和"势参量"的选择有很大的任意性和人为性。为了减少理论的任意性，人们试图把引力也包括进来，即建立一个把引力作用、电磁作用、强作用和弱作用都统一起来的理论，例如超引力理论和超弦理论都是这样的理论，也都是正在研究中的理论。"大统一"的目标还有相当遥远的距离。

人脑之谜

人类创造了何等伟大的奇迹！人不会游泳，但创造出各种船舶，使人能在水上自由地航行，创造出潜水艇，潜水的深度、活动的范围远远超过了任何一种鱼类；人不会飞翔，但创造出各种飞机，使人能在空中自由地飞翔，飞行的速度和距离远远超过了鸟类；人类已登上月球，并且认识到越来越远的太空；人类已"看到了"原子，并且正在探索各种亚原子粒子的结构；人类的活动正在深刻地改变着地球的面貌，创造出许许多多自然界所不曾有过的东西……人类为什么会创造出这样伟大的奇迹呢？那就是因为人类有一个与众不同的脑。十分有趣也是十分重要的事实是，尽管由于人脑的努力，人类创造出种种奇迹，但人脑对于其自身的认识却充满了未解之谜，等待着我们去探索、去解决。

人脑的形态

人脑位于人的头部，所有的高等动物的脑都位于头部，因为头部在前行动物的最前端，最易接受外来刺激，脑在此部位有利于迅速了解外界状况并指挥身体作出反应。不过这个位置又易于受损伤，所以脑置于颅腔中，受坚硬的颅骨的保护，并在颅骨内分布了硬脑膜、蛛网膜和软脑膜三层脑膜作保护，在脑膜间充满了一种叫做脑脊液的液体，它对脑

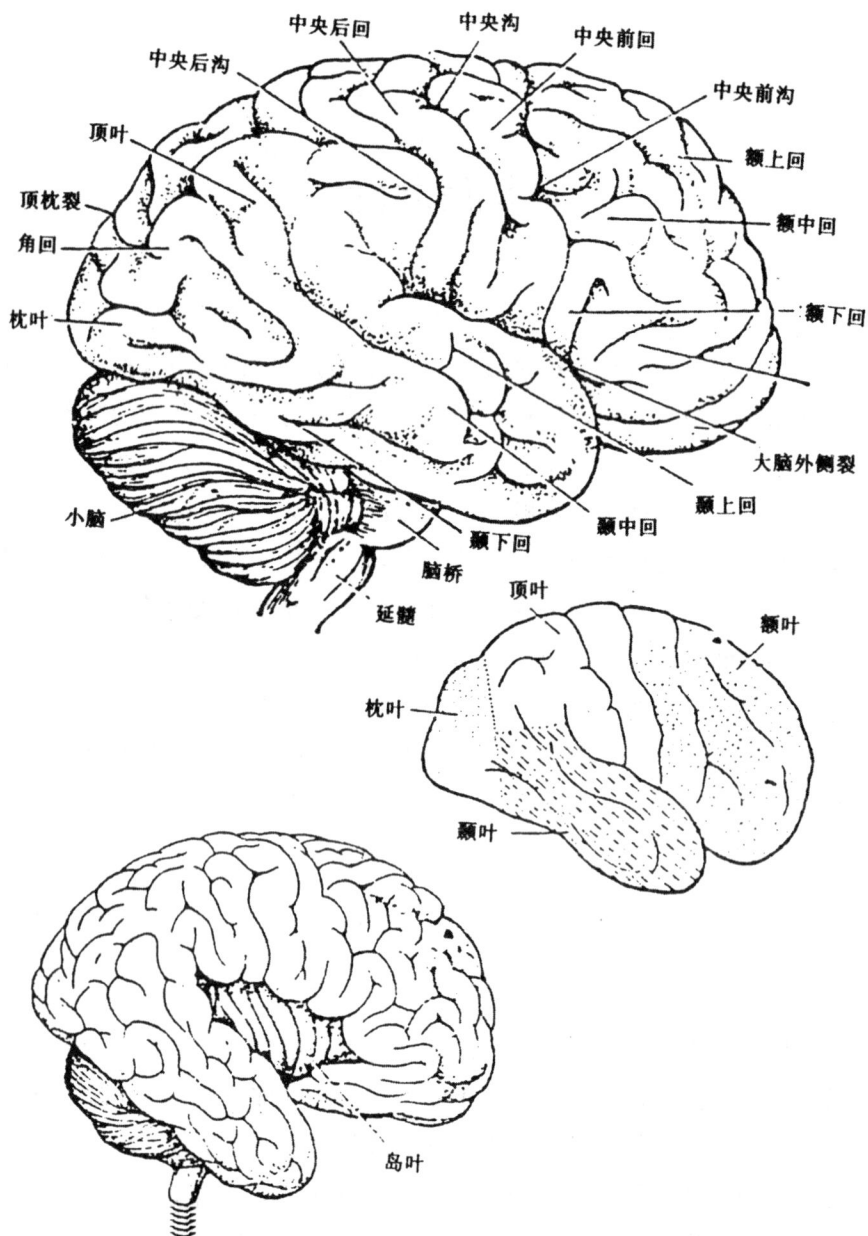

中央后回　中央沟　中央前回
中央后沟
顶叶　　　　　　　　　　　　中央前沟
顶枕裂　　　　　　　　　　　额上回
角回　　　　　　　　　　　　额中回
枕叶　　　　　　　　　　　　额下回
　　　　　　　　　　　　　　大脑外侧裂
小脑　　　　　　　　　　颞上回
　　　　　　　颞下回　颞中回
　　　　脑桥
　　　延髓

顶叶　　　额叶
枕叶
颞叶

岛叶

提供营养，同时对外来的冲击也起着缓冲保护的作用。

撕下脑膜，就看到人的大脑。人的大脑分为两半球，每个半球上都有许多大大小小的沟裂，沟裂间凸起的是脑回。像人的指纹一样，不同人的沟回的数量、大小和形状都不完全相同，但主要的沟回大体一致。

每个半球都以三条主要沟裂为界，分为五个脑叶，分别称为额叶、顶叶、枕叶、颞叶和岛叶（亦称脑岛），岛叶在一个大沟裂的深处，须分开颞叶和额叶才能看见，脑叶上的沟回各有名种。

用解剖刀沿正中剖开大脑两半球，就会看到大脑的内侧面及大脑之外的人脑的其他组成部分，它们都有各自的重要功能。例如，小脑负责身体的准确定位和控制，身体动作的时机、平衡和精巧；海马在记录长期记忆时有不可或缺的作用；下视丘是快乐、愤怒、害怕、沮丧和渴望的情感所在处，对传递情感有重要意义；胼胝体是左右两个大脑半球相互通讯的地方；丘脑则是神经信息的重要加工中心和转换站，它担负大

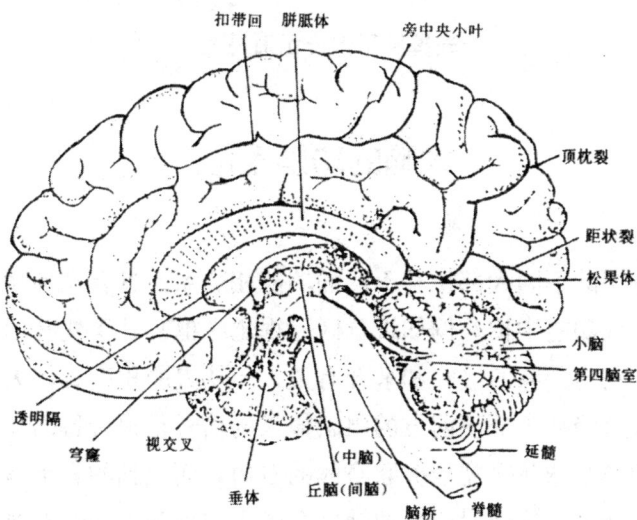

整个内侧面观

脑皮层和其他神经的联系工作。但是所有这些功能都是在大脑指挥、协调下进行的。人之所以成为人的关键就在于人的大脑，尤其是"大脑皮层"。大脑是人脑中最大的部分，人的大脑在比例上比任何别的动物都大。大脑皮层是大脑表面的一层颜色较深（灰色）的部分（称为灰质），厚度平均为2—3毫米，面积有 90×60＝5400 平方厘米。人类的智慧都产生于大脑皮层中。

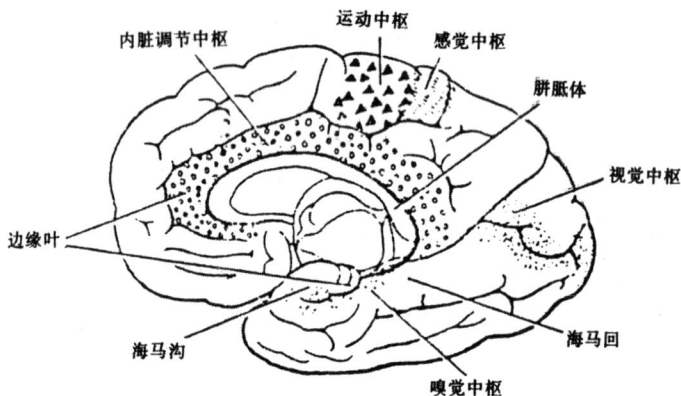

去掉脑干部分示海马回

大脑的功能定位

大脑皮层的不同大部位与不同的功能相联系。具有某种功能的部位称为功能区或功能中枢。例如视觉区（视觉中枢）处于枕叶内，在大脑的正后方，它与图象的接收和解释有关，但从人的角度看，大自然选择大脑后部来解释从头部正前方的眼睛输入的信号是很奇特的！更奇特的是：大脑的左半球几乎完全关联身体的右边，而大脑的右半球则关联于身体的左半部分。这使得所有的神经在进入或离开大脑时都要从一边穿到另一边。对于视觉区域来说，右脑的视觉区并不与整个左眼相关联，而是和两只眼睛的左边视野相关联；同样，左脑的视区和两只眼睛的右边视野相关联。就是说，从每只眼睛视网膜的右边来的信号必须进入左脑的视觉区，而从每只眼睛的视网膜左边来的信号必须进入右脑的视觉区见下图，这样在右脑的视觉区中形成了一个左边视野的一个界限清楚的映象，而在左脑的视觉区中形成了右边视野的另一个映象。

由耳朵输入的信号也要穿越到大脑相反的一边。嗅觉则是一个例外：位于大脑额叶的右脑嗅觉区主要处理来自右鼻孔的气味，而左脑嗅区则处理左边鼻孔的气味。

触觉区在大脑顶叶皮层中，正好在额叶和顶叶分开的地方，进而身体各部分的触觉也各自与触觉区的特定部位相对应。20 世纪初，一位加拿大医生彭菲尔特（Penfield）首创用"触觉侏儒"的图示法，生动地表示出这种对应，左图给出一种触觉侏儒。

运动区域在大脑皮层的额叶，也与身体各部分有对应关系，用一种"运动侏儒"表示这种对应（见右图）。注意无论触觉还是运动都遵循"左右交叉"原则。

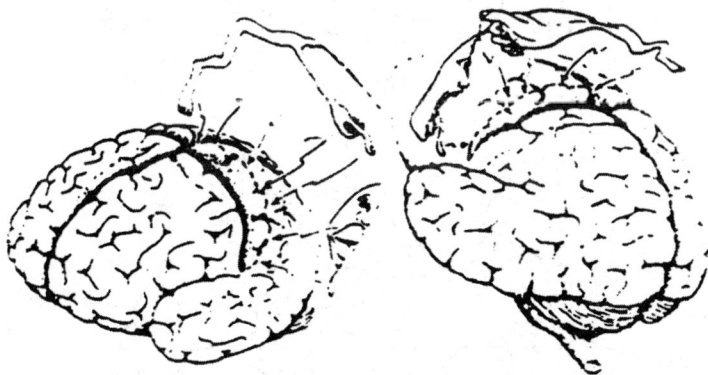

语言中枢主要是在左脑，主要中枢为伯洛卡区（运动性语言中枢），是用来形成语言的；另一中枢为温尼克区（听性语言中枢），是用来理解语言的。由一种称作弓状纤维束的神经来把这两个区域连接起来。

　　下面两图分别给出大脑皮层外侧面和内侧面的功能定位（中枢分布）。值得注意的是，整个大脑是一个整体，功能定位只有相对的意义，实际上每种功能都是由大脑皮层的许多部分共同完成的。

　　以下情况表现出这种"共同完成"的一个方面：前述所有的皮层功能区域（即功能中枢）被称为"首位区域"，它们与大脑的输入输出有最直接的关联。和首位区域邻近的是大脑皮层的第二位区域，如感觉中枢邻近的感觉第二位区域，它处理、加工由视觉、听觉和触觉中枢接受到的感觉信息；而运动第二位区域则和预想的动作相关，这些动作传到

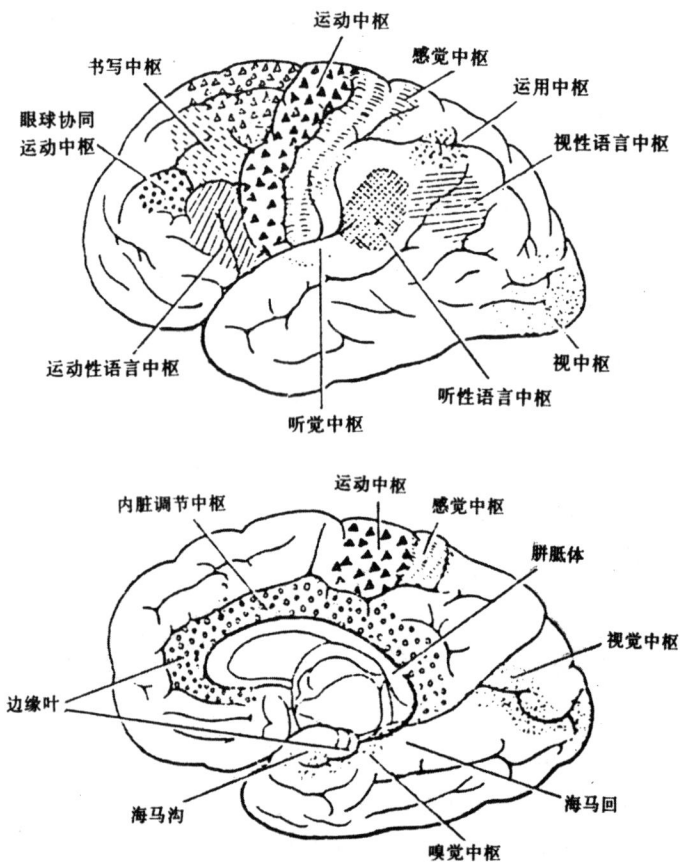

首位运动中枢翻译成实际肌肉运动指令而"下达"。大脑皮层的其余部分称作第三位区域，由它们进行最抽象最复杂的大脑活动。一般认为，头脑正是在这些区域连同它们的周围，使不同感觉区域来的信息以非常复杂的方式相互交流并接受分析，留下记忆，建立外界的图象，构想并衡量一般性计划，理解和表达它们，认识并改造世界。下图给出大脑皮层的区域划分，后面还要指出，第二位和第三位区域即不承担特殊功能的大脑皮层的大量存在，正是人类智慧的原因和标志。大脑作用的大致划分。外部的感觉信息进入首位的感觉区域，在第二位和第三位的感觉区域逐步加工到越来越复杂的程度，转移到第三位的运动区域，最后改善成为在首位运动区域的特殊的动作指令。

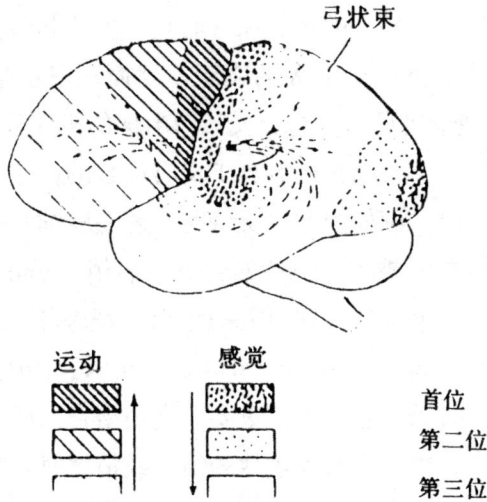

弓状束

运动	感觉	
		首位
		第二位
		第三位

左脑和右脑

大脑有两个半球，从形态和结构上来看它们似乎是对称的，没有太大的差异，人们常称之为"孪脑"。那么，它们的功能是否也一致呢？如果完全一致，为什么人脑要分为两个半球呢？

近年来，人们不断发现左右脑形态上的不对称之处，在功能上，这种不对称就更大了。20世纪80年代以来，人们已充分证明，左右脑各有自己的不同功能优势。美国的斯佩里（Sperry）、哈贝尔（Hubel）和韦塞尔（Wiesel）通过裂脑人（因治疗某些疾病的需要作胼胝体切断术，中断了大脑两半球的联系，这样的人称为裂脑人）实验证明了：左脑以语言（见前文，两个主要的语言中枢都在左脑上）、理解、逻辑思维和计算等活动占优势；右脑则对形象的感知、记忆、时间概念和空间概念、音乐和想象、情绪和情感等活动占优势。长期被当作无意识（不产生意识）的右脑，不是真的无意识，而是产生"非语言"意识。这对于人们对人脑的认识是一个重大的飞跃，因而这三位学者共同分享了1981年医学或生理学诺贝尔奖金。大脑两半球的机能分工见图所示。

在正常情况下，左右脑是既有分工又有配合的，这是人的智慧——正常的意识所必须的。例如当两人交谈时，须左脑细心领会对方语言和行为的含义，同时右脑要注意说话的音调、表情、举止、姿势和情绪，这两者结合才能完整准确地理解对方的意识、表达自己的思想。不仅如此，人类还有大量的非语言活动，如运动、娱乐、舞蹈、音乐、绘画、散步、恋爱等，这时语言意识并不重要，当用语言去回忆这些事时，常常会感到词不达意；当一个人表述他的情绪或情感时，往往难以用语言表述清楚，对情绪的回忆往往是一种体验。可见左右脑在人的正常心理活动中都起着重要的作用。

对左右脑机能优势（称为优势半球）的研究，对医学、教育学和心理学都有重要的意义，对我们掌握学习的规律，更有效地学习，也有很大帮助。研究表明，左脑的语言优势是在少年儿童期逐步形成的，因而应在儿童很小时，注意进行早期形象教学，有利于儿童形象思维和抽象思维的共同发展。在学习方法上则应注意形式的多样，有看、读、写、听，形象和实物等等，这样就可以充分调动大脑两个半球的共同协调发展，使学习效果更好。如果在青少年抽象思维充分发展的时期，只注意语言文字的认识活动，只注重抽象思维的发展，就无法使左脑和右脑协调发展，这将使青少年的智力发展受到影响。所以在现代中学教学中，除了注意生动活泼的教学方法外，还开设体育及艺术课，开展各种文娱体育活动，这些艺术课和艺术活动，对开发右脑，促进左右脑的协调发展有重要的意

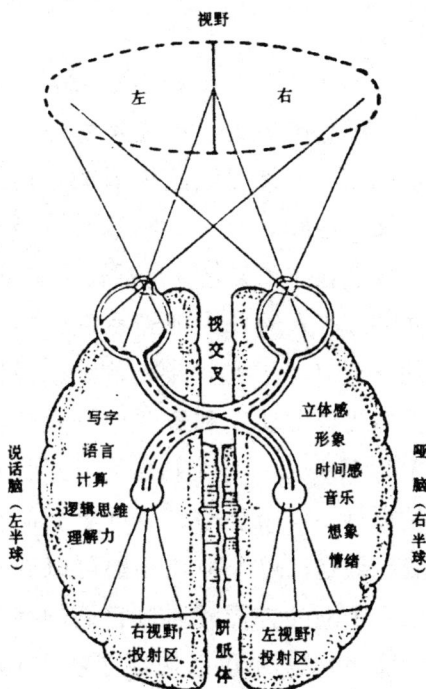

义。还有人认为，加强人的左侧身体和左手的运动，有助于促进右脑的发展。已有人开始在幼儿园中进行系列"左手活动"训练实验。如果能充分发挥出右脑的机能，无疑将极大地提高学习和工作的效率，也促进了大脑自身的健康发展。

大脑皮层的微观结构

那么，大脑皮层为保证发挥其功能，有着怎样的结构呢？就是说，大脑的实质到底是怎样的一种组织？功能不同的各个皮层部位的脑实质有什么差别？这些问题引起人们对大脑皮层的微观结构即其组织的

探索。

大脑皮层和人体的其他组织一样，是由细胞组成的，不过是由一种特殊的细胞——神经细胞组成的，神经细胞又叫神经元。一个典型的神经元可分成细胞体和突起（包括树突和轴突）两部分，人的外周神经系统由神经元的突起（主要是轴突）构成，而细胞体主要集中在脑和脊髓中。大脑皮层中有150—200亿个神经元（近日有人估算有1000亿个）。还有更多的神经胶质细胞。每个神经元都可以和成百上千个别的神经元通过它们的突起进行联系，这种联系构成了神经网络，仅从成百上千亿的神经元，每一神经元都与成百上千个别的神经元相联系

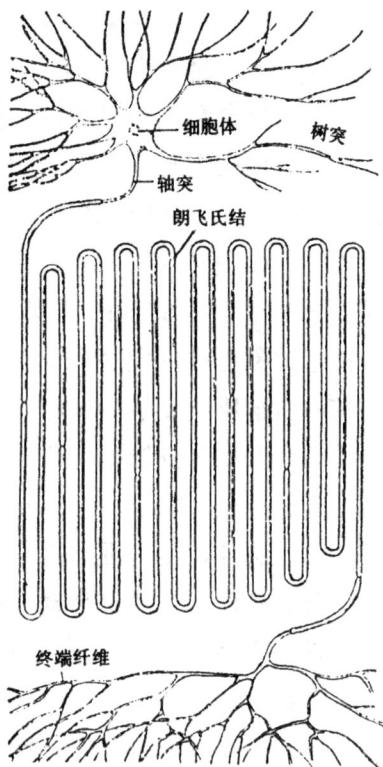

这两点就不难想象大脑微观结构的复杂性——人脑可以说是自然界的一种最复杂的组织，正该由它产生出最复杂的意识活动来！

上图是一个典型神经元的模式图。

神经元在人的大脑皮层中呈现高度的组织性，在显微镜下观察，可发现皮层有6层次的结构，下图画出大脑皮层的层次结构。

神经元之间的联系是怎样实现的？人们发现，两个神经元之间并没有细胞浆的通联，而有一个大约 2×10^{-8} 米的间隙。它们之间的联系靠前一个神经元释放的化学物质——神经递质，穿过间隙后到达下一个神经元，并与相应的受体结合后产生效应。这种传递称为化学性传递。完成化学传递的部位称为"突触"。每一个神经元可以与成百上千个别的

小篮形
细胞

烛台形细胞

轴状细胞

金字塔形
细胞

脊髓星状细胞

小神经胶质细胞

大篮形细胞

玛堤诺蒂
细胞

□ 兴奋性
▨ 抑制性

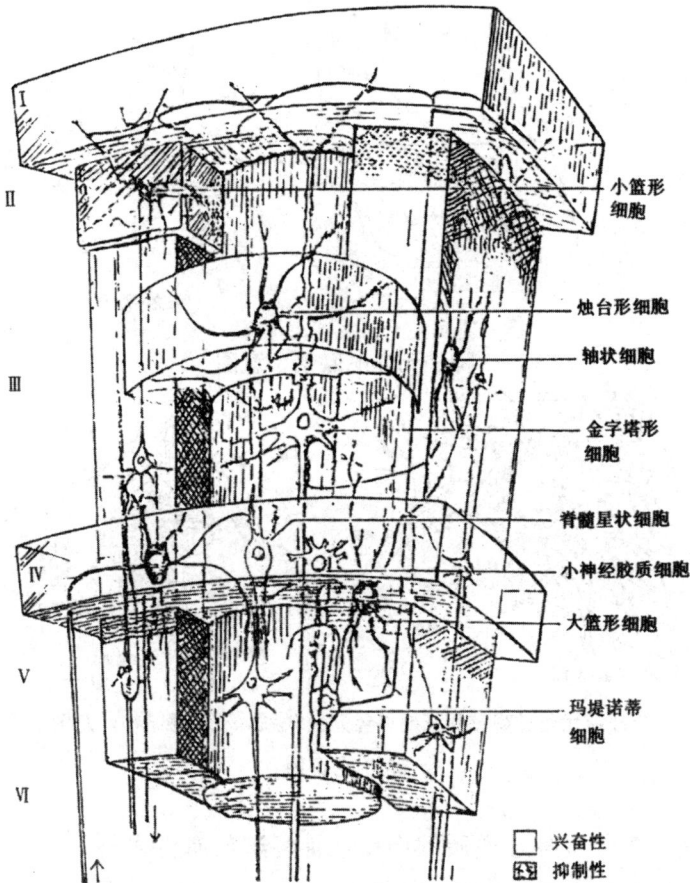

大脑皮层是由特殊化细胞的圆柱状集体所构成：图中
典型的圆柱直径为 0.03。图中的筐状结构当然只有制图示
意的作用，脑中并无此物。

神经元相关联，每两个神经元的联系不止一个突触，因而每个神经元上
有大量的突触，有人估算大约有 3 万个，这是神经系统的另一种复杂
性。下图是神经元突触的示意图。进一步研究表明，由于每一个突触中
都有神经递质在起传递信息的作用。因此，每一神经元在同时或不同时

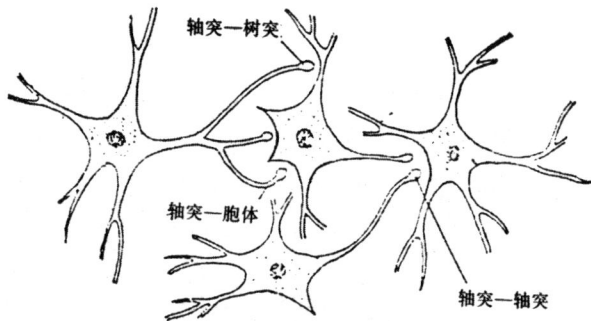

神经元突触联系示意图

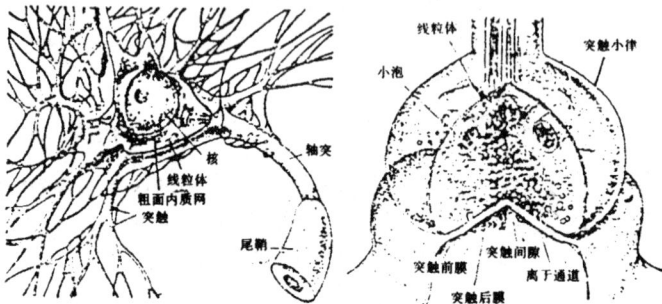

一个神经元通过突触和其他神经元经联系   突触结构示意图

神经元突触

可以接受很多很多神经递质的作用，神经递质有许多种，如乙酰胆碱、去甲肾上腺素、内啡肽等就是人们较早发现的几种，它们的作用可组合成很多不同的形式。如果有 40 种神经递质，每两种组合成一组，就可产生 780 种不同的组合。不同的组合可能传递不同的信息。有人将这种组合称为化学密码。如果神经递质的数目更多，在进行组合时还有先后顺序的差别，则这种化学密码的数目还将骤增。考虑到脑中神经元的巨大数量和突触的更大的数量，化学密码则进一步呈现了大脑的无比复杂性。

神经系统或脑组织中究竟有多少化学密码？每种密码传递什么信息

（或某种信息：如视觉信息、情绪信息等，用什么样的密码传递）？在那么小的空间里聚集了如此巨量的密码，大脑是怎样识别的？即大脑信息处理的微观机制问题。这都是远远没有解决的难题。

人脑和认识人脑的历史

人脑无疑是历史发展的产物，人脑的发展史其实就是人的发展史，如前述，正因为有了自己的独特的脑，人才成为人。

人是生物进化的产物，人脑也如此。从脑的体积增大上就可看出这一点，下面比较一下现代猿和人类祖先的脑体积（单位：毫升）[①]

猿

黑猩猩	394
猩猩	411
大猩猩	506

非洲猿人

南方古猿非洲种	422（300 万年前）
南方古猿粗壮种	518（200 万年前）
鲍氏东非人	656（200 万年前）

人

ER1470（能人）	755（200 万年前）
直立猿人	1043（60 万年前）
北京猿人	1043（40 万年前）
智人	1330（20 万年前）

---

① 转引自参考文献〔1〕，202 页。

现代人脑体积为 1400—1500 毫升。一般把 750 毫升视为一个界限，在此限以下者为非人，大于 750 毫升者即为人科动物。从上述比较还可以发现，人脑体积的增大是十分迅速的（从进化的角度来看）：在 200 万年前才超过 750 毫升，很快就超过了 1000 毫升，在近数十万年间达到了 1400—1500 毫升。这一过程正是人的发展过程，可见人的发展也就是人脑的发展。

从脑的个体发展来看也呈现这种突然迅速发展的对应性：人的婴儿在出生后的第一年中脑的体积就增大 3 倍。这种情况称为"生理早产"是一种非同小可的发育方式：既保证了通过进化而异常发达的大脑的成长，又保证了生产的顺利进行。

再比较一下猿类、人的祖先和现代人的脑细胞的情况①

种类	神经细胞总数（亿个）	承担特殊功能的细胞	"剩余细胞"数
黑猩猩	43	9	34
大猩猩	53	18	35
非洲猿人	46—52	7—10	39—43
直立人	60—94	9—10	57—84
现代人	140 以上	10—11	130 以上

前面已指出大脑皮层第二位区域和第三位区域对于人的智力发展具有重要意义，它们是不承担任何特殊功能的区域，即由表中的"剩余细胞"组成。可以说"剩余细胞"数是动物智力水平的一个标志。通常还采用另一指标：动物的脑—体重量比，人无疑具有极高的脑—体重量比，但不是最高的，少数动物如大象、蓝鲸等的脑—体重量比比人还高，但它们的脑中，"剩余细胞"数则太少了，因而没有多高的智力。

---

① 同前注，"现代人"按现代数据有改动。

人类对人脑的认识早就开始了，但古代所有的只是直观思辨或者想象猜测的认识，直到近代科学大发展的时候，人类对人脑的认识才随之形成了科学的新领域。现代正式形成了脑科学，它是神经科学的一个重要的分支，与之相关的则有认知科学，它研究环境中的信息如何通过感官加以提取、传递到脑中进行表达和存贮，最后利用于思维、判断和决策，对环境作出适当反应，侧重于人脑的功能。

脑科学的发展历程如下述：

公元前600—前400年 古希腊哲学家描述精神和灵魂，认为思维来自大脑（心脏?）

1543年 维萨里（A. Vesalins）精确描述人神经系统的大体解剖。

1637年 笛卡儿（R. Descartes）把大脑比拟为自动机。

1798年 伽伐尼（L. Galvani）发现神经活动的电学性质。

1891年 卡贾尔（Cajal）等人证明神经系统由神经细胞组成，神经元相互联结形成通路。

1897年 谢灵顿（C. S. Sherrington）提出神经细胞之间通过称为突触的结点而形成通路实现相互通讯。

20世纪

20年代 证实神经传导是由某些化学物质（神经递质）作用于突触上的受体实现的。

40年代 提出信息加工和控制系统概念；提出神经元模型和人工神经网络模型；提出学习过程最终发生在神经元之间突触联系强度的变化上。

50年代 用电子显微镜观测到突触和神经元的其他精细结构；分析了单位神经元的特征；设计成第一个感知模型（感知机）。

60年代 认识到树突的综合功能；提出用信息观点研究人的思维过程（即脑的活动过程）。

70 年代对神经递质的多样性有新的认识，发现"第二信使系统"，认识到神经元之间作用的复杂性；大脑活动模式的形象模型；对大脑的研究深入到分子生物学和膜蛋白的层次。

80 年代　确认左右脑的不同功能和协调发展；对人的认知过程的研究进入微观阶段；计算机和人工智能的发展，提出了脑的某些功能（视觉、听觉、语言、记忆、逻辑等）模型；化学密码的研究；化学递质受体的确认和分析。

90 年代　进入多学科全方位的研究阶段，在大脑系统、神经回路、细胞和分子层次上取得一系列成果；采用了基因工程方法；进行了化学递质受体的分离纯化研究；对化学密码进行进一步的探索；加快了把脑科学成果应用于各种领域的工作——首先是医学，其次是计算机科学和人工智能研究。

问题和前景

1989 年，在科学界的倡议下，美国国会通过了"命名 1990 年 1 月 1 日开始的 10 年为脑的十年"提案并由总统签署实施。这是美国国会第一次对一个具体的科学领域做出有效期长达 10 年的决议，充分表现出人们对脑科学的重视。国际脑科学研究组织欢迎美国的这一议案，并且希望世界各国的脑研究机构促进政府给予支持，使"脑的 10 年"成为全球性行动。现在 90 年代已过半，"脑的 10 年"取得了丰硕的成果，前文已有述及，这里试图描述一下当前脑科学面临的一些问题（即人脑之谜）及脑科学研究将给人类带来的利益。

头一个问题当然就是人类大脑活动（即思维活动）的机理——即大脑的工作原理及其微观机制了。即使经过了 90 年代前半期的努力，人们对这一问题的认识仍然是十分少的。例如人脑是如何处理信息的？是序列式处理还是并行式处理？它们又是怎样具体进行的？人脑中信息的表象是什么？怎样对化学密码作阐释？等等。都是有待解答的问题。这一问题的探讨涉及这样一些基本目标：

（1）揭示神经元间各种不同的连接形式为阐明脑的机理奠定基础。

（2）在形态上和化学上鉴别神经元间的差异，了解神经元如何产生、传导信号，以及这些信号如何改变受体细胞的活动。

（3）阐明神经元特殊的细胞和分子生物学特征。

（4）认识实现脑的各种功能（包括高级功能）的神经回路基础。

它们的成果将对人类的教育、学习，人脑潜能的进一步开发以及人工智能的发展作出贡献。

其次是关于脑功能和结构异常引起疾病的问题。占首位的可以说是精神分裂症，病人有思维障碍、幻觉、妄想、精神活动与现实活动脱离等症状。大约有 1% 的人口可患此病，这个比例意味着在我国有上千万患者。对它的病因目前仍不很清楚。人们发现，能抑制多巴胺（一种小分子的神经递质）功能的药物对精神分裂症有治疗效果，因而提出了"多巴胺功能亢进说"。另一种疾病是癫痫，人口中约有 0.5% 患此病，严重危害人类的健康，病因也不很清楚，只知道能增强脑内另一种化学递质 γ —氨基丁酸的药物有疗效，可见也是一种化学递质出毛病引起的病。再一种是老年性痴呆，病人脑中可以见到一种特殊的蛋白质沉积，但这种蛋白质是如何产生的？它在发病过程中起什么作用？仍是未知数。以上三种病涉及人口占人口总数的 15—20%（包括患者及其家属），社会影响极大。神经递质及脑内化学密码的研究将为控制、治疗乃至杜绝这种"化学递质"异常所致疾病提供依据和手段。

再次是关于脑的精神活动与人体免疫力的关系问题。一些疾病似乎与脑并无直接关系，如肿瘤、感染等，但它们的发病往往是在机体与环境相互作用中，机体反应能力发生变化而诱发出来的。动物实验表明，癌症的发生虽然不直接来自神经系统的紊乱，但脑的精神活动可以影响机体的免疫功能，从而使机体识别和清除肿瘤细胞的能力降低，间接引发癌病。实验表明一些精神因素，如过度劳累、缺乏睡眠、悲伤、紧张等，作用于神经系统可导致机体免疫力的降低，可诱发感染。另一些疾病，如高血压、溃疡病等都与神经精神因素有密切关系。以上这些疾病，可以说都与人脑的活动有关，所以对脑活动的深入研究无疑也将为治疗这些疾病提供手段。其他如脑损伤、中风的恢复，即脑细胞的再生问题及疼痛、镇痛和药物成瘾问题也是具有重要现实意义的重要理论问题。

最后是人类认识自己的大脑的问题：大脑活动（思维）的模型问题。现在人们尚没有适当的模型来表述人的思维活动。例如人在创造性思维中的顿悟和直觉是科学史上一再提到的重要思维活动，但这一活动的过程连进行该活动的科学家自己也说不清楚，更不用说把它们模型化了。人们认为，不同的文化背景（如教育方式、语言文字、宗教信仰等的不同）对人的认知发展和思维模式是有影响的，要不，哪里来的那么多教育理论?! 这种影响在大脑活动的层次上是如何进行的？而构建一个文化背景影响的模型的问题至今少有进展。

对人脑的完全模拟是指望于大脑活动的模型的，其实，对人脑的认识也依赖于这样的模型。本文所参考的彭罗斯（R. Penrose）的著作《皇帝新脑》论证了任何计算机都不可能指望具有大脑的所有功能。那么，人脑仍有可能完全认识人脑自身吗？这大概可称为"人脑的最后的谜"吧！